U0173993

城市地下空间
规划开发
承载力评价

解智强　侯至群　翟振岗　夏既胜　著

科学出版社

北　京

内 容 简 介

本书从地下空间规划开发影响因素众多且耦合性强的特性出发，建立地下空间规划开发适宜性评价模型、社会经济价值评价模型，并综合考虑自然条件、社会条件、建设现状，构建城市地下空间承载力模型。本书应用案例推理、多种判据、经验公式等方法，建立重点区域地下空间规划决策支持模型；通过负荷预测、管网模拟、多管线优化等，建立地下管线综合布局模型；建立地下空间规划开发承载力评价系统，从而为推进地下空间规划开发提供有效的管理工具和技术平台。

本书可作为高等院校相关专业研究生、本科生的教材辅导用书，也可供从事地下空间规划与设计、地下管线综合规划、建筑设计等相关工作的科研人员、城市规划、城市管理等相关从业人员、政府管理人员参考借鉴。

图书在版编目（CIP）数据

城市地下空间规划开发承载力评价 / 解智强等著. —北京：科学出版社，2022.1

ISBN 978-7-03-069369-3

Ⅰ. ①城… Ⅱ. ①解… Ⅲ. ①地下建筑物－城市规划－承载力－评估方法－研究 Ⅳ. ① TU984.11

中国版本图书馆 CIP 数据核字（2021）第142009号

责任编辑：石　珺　赵　晶 / 责任校对：何艳萍
责任印制：吴兆东 / 封面设计：蓝正设计

科学出版社 出版
北京东黄城根北街16号
邮政编码：100717
http://www.sciencep.com

北京建宏印刷有限公司　印刷
科学出版社发行　各地新华书店经销

*

2022年1月第　一　版　开本：720×1000　B5
2023年11月第二次印刷　印张：15
字数：297 000

定价：128.00元
（如有印装质量问题，我社负责调换）

前　言

PREFACE

中国新型城镇化对人居环境质量提出了新的要求，对城市空间的需求不断增长。城市地下空间在中国新型城镇化进程中被赋予了重要历史使命，地下空间利用决定着城镇化的质量与品质，成为新型城镇化一个重要的特征。从浅层利用到大规模开发，从解决城市问题到提升城市竞争力，地下空间资源的集约复合利用已经被视作支撑城市现代化持续发展的标准范式。2016年以来，以城市轨道交通、综合管廊、地下停车为主导的中国地下空间开发迅速增长，地下空间开发已经成为影响城市发展的重要因素。

地下空间发展迅速，急需科学评价与度量其开发利用前景，因此成为当前研究的热点。近年来，以城市轨道交通、地下管线为代表的"线状"地下空间发展迅速。为了保证城市地下空间未来发展，急需对地下空间规划开发进行全面、科学的评价，合理确定开发利用前景，进而引导城市地下空间布局，指导城市建设。城市地下空间规划综合性、专业性强，急需新的理论及技术支撑。城市地下空间规划涉及城市规划、交通、市政、环保、防灾、防空等各个方面的专业性内容，技术综合性很强。城市地下空间规划协调性强，地下空间规划开发需要促进地上、地下两大系统的和谐共生，这也是地下空间规划与地面规划在职能上的根本区别。城市地下空间开发建设具有很强的不可逆性，初期建设投资大、回报周期长，地下空间规划需要比地面规划更加长远的眼光，应立足全局，对地下空间资源进行保护性开发，充分认识其综合效益，在规划过程中需要合理安排开发层次与时序。

本书从地下空间规划开发影响因素众多且耦合性强的特性出发，建立地下空间规划开发适宜性评价模型、社会经济价值评价模型，并综合考虑自然条件、社会条件、建设现状，构建城市地下空间承载力模型。本书应用案例推理、多种判据、经验公式等方法，建立重点区域地下空间规划决策支持模型；通过负荷预测、管网模拟、多管线优化等，建立地下管线综合布局模型；建立地下空间规划开发承载力评价系统，从而为推进地下空间规划开发提供有效的管理工具和技术平台。

本书主要著作人为云南大学解智强教授、共同著作人为昆明市城市地下空间规划管理办公室侯至群正高级工程师、北京市新技术应用研究所翟振岗副研究员和云南大学夏既胜教授。

本书的参与撰写人员包括云南大学谈树成教授，赵飞、曾洪云博士；北京市新技术应用研究所刘克会研究员，王艳霞、徐栋、邓楠副研究员，刘海云助理研究员；昆明市城市地下空间规划管理办公室的何江龙、陈厚元、高忠、周海彬、李世强和李照永高级工程师；昆明市测绘研究院洪涛正高级工程师；云南省测绘产品检测站李俊娟高级工程师；滇西应用技术大学陈裕汉正高级工程师，中国电建集团昆明勘测设计研究院有限公司闻平正高级工程师，昆明理工大学林美娜硕士以及云南大学的硕士研究生徐通、杨寿泉、张阳斌、尹思乔、姜沣珊、徐佳瑞和邓占婷。

本书共分为10章：第1章，绪论，介绍了地下空间规划开发承载力研究背景、研究意义、政策背景及研究方法，主要由解智强、谈树成、刘克会和陈裕汉撰写；第2章，国内外理论与实践综述，介绍了地下空间开发利用需求与特点、国内外地下空间开发利用实践、国内外理论研究现状、法律法规与政策文件，主要由侯至群、何江龙、陈厚元和洪涛撰写；第3章，地下空间规划开发适宜性评价模型，分析了适宜性影响因素，介绍了限制性要素逐项排除、适宜性评价指标体系，主要由翟振岗、王艳霞和张阳斌撰写；第4章，城市地下空间规划开发社会经济价值评价，通过对地下空间开发价值、社会经济价值影响要素分析，给出了地下空间社会经济价值评价模型，主要由翟振岗、徐栋、徐通和尹思乔撰写；第5章，地下空间规划开发承载力，介绍了承载力的基本概念及研究框架，明确了地下空间现状容量计算、开发容量估算方法，并给出了基于承载力分析的地下空间规划开发建议，主要由解智强、邓楠、刘海云和赵飞撰写；第6章，重点区域地下空间规划决策支持模型，面向重点区域地下空间规划特点与决策过程，提出重点区域地下空间规划知识表达与决策方法，明确重点区域地下空间功能设计、布局设计等内容，主要由侯至群、李世强和杨寿泉撰写；第7章，城市地下管线综合布局模型，面向地下管线综合规划编制现状，介绍了管线供应需求预测模型、管线运行水力时空模拟、管线综合优化布局模型等，主要由解智强、高忠、姜沣珊和徐佳瑞撰写；第8章，系统设计与实现，介绍了地下空间规划开发承载力评价系统的设计原则、设计规范、系统设计描述、系统功能设计、数据库表设计、系统具体实现等内容，主要由夏既胜、闻平、周海彬和李俊娟撰写；第9章，应用案例——以昆明市为例，介绍了地下空间开发适宜性评价、社会经济价值评价，地下空间可供有效利用容量估算，地下空间开发潜力分析等在昆明市的应用情况，主要由解智强、翟振岗、林美娜和邓占婷撰写；第10章，总结与展望，对全书主要结论与创新点进行总结，并对地下空间规划开发技术进行展望，主要由夏既胜、曾洪云和李照永撰写。

本书出版得到住房和城乡建设部科技计划项目（2018-K8-046）和昆明市政府信息化项目成果支持。课题组单位昆明市城市地下空间规划管理办公室、北京市新技术应用研究所的专业技术人员为本书出版辛勤付出，在此表示衷心感谢！

本书全稿完成于云南大学呈贡校区，"会泽百家，至公天下"，百年云南大学浓厚而严谨的学术氛围为本书撰写提供了大量的灵感。本书出版得到了云南大学"双一流"建设专项资金资助，感谢云南大学地球科学学院为本书出版提供的大力支持！感谢中国城市规划协会地下管线专业委员会王晓东秘书长、刘会忠常务副秘书长、专家委员会江贻芳副主任、李学军教授级高级工程师以及各位专家，他们多年来为中国城市地下空间信息化建设所做的大量工作为本书撰写提供了思考的源泉。

最后衷心感谢科学出版社的大力支持和在稿件审查过程中提供的宝贵修改意见！

本书意在抛砖引玉，推动我国地下空间规划开发科研能力的提升，为城市地下空间发展提供技术支撑。由于作者水平有限，时间仓促，书中难免存在疏漏之处，恳请读者和同行批评指正。

作 者

2022 年 1 月于昆明

目　录

第1章
绪　论

>>> 1.1　研究背景

地下空间概念有两个基本含义，一是从开发和利用角度看，地下空间是指地球表面以下的土层或岩层中天然形成或人工开发的空间场所（童林旭和祝文君，2009）；二是从实际开发角度看，地下空间是指属于地表以下主要针对建筑方面来说的一个名词，它的范围很广，如地下商城、地下停车场、地铁、矿井、地下防空、穿海隧道等建筑空间。

地下空间的开发利用是城市发展到一定阶段的产物，其目的、作用、规模、范围等都应与城市发展水平相适应，滞后或超前都是不利的。中国工程院院士钱七虎曾经指出，城市建设发展加速，"城市病"日益突出，地下空间开发利用愈加重要，通过转变城市发展方式，科学规划地下空间开发利用，汲取国际成功经验，注重品质发展，可以实现地下空间开发的多功能利用，统筹缓解城市灾害、交通拥堵、空气污染、城市内涝等城市病（钱七虎，2019）。充分利用地下空间已经逐渐成为国际节能的新趋势。

中国人均GDP在2005年已超过1700美元，2019年中国人均GDP突破1万美元。2019年末中国城镇化率突破60%，城镇常住人口达到8.48亿人，城镇化快速发展使得城市地下空间开发利用同步加快发展成为必然。可以预计，今后20年或更长时间，仍将是中国城市地下空间大规模建设的高峰期。例如，中国将有近30个城市进入城市地铁与轻轨建设的高速发展时期，预计今后五年城市地铁将增加500～600km或更多，其中上海与北京将分别以每年40km或更高的速度发展地铁。中国的城镇化只有走城市土地资源高效利用与地下空间综合开发的道路，才能实现可持续发展。在21世纪的头十年，中国城市地下空间开发利用的总目标是：在目前城市地下空间开发利用已取得的成果的基础上，加快城市地下空间开发利用的总体规划编制，制定政策法规，理顺管理体系，推进地下空间建造技术创新与进步，使城市地下空间开发利用的总体水平接近世界发达国家20世纪90年代中期水平，初步形成与地面建筑相结合的地下人流、物流的公共空间体系以及构筑城市综合防灾综合体系。

城市地下空间是一个巨大而丰富的空间资源，可开发的资源量为可供开发的面积、合理开发深度与适当的可开发系数之积。2012年我国城市建设用地总面积为3228km^2，按照40%的可开发系数和30m的开发深度计算，可供合理开发的地下空间资源量就达到3873.60亿m^3（刘兴环，2015）。这是一笔很可观且又丰富的资源，若得到合理开发，那么将对扩大城市空间、实现城市集约化发展具有重要的意义。

随着我国一线城市地下空间的开发利用，地下浅层部分可利用空间逐渐减少，深层开挖技术和装备逐步完善，为了综合利用地下空间资源，地下空间开发将逐步向深层发展。深层地下空间的开发成本较大，世茂集团深坑酒店就是充分利用了废弃采石坑的地下空间，成为海拔最低的酒店，深层地下空间资源的开发利用已成为未来城市现代化建设的主要课题。在地下空间深层化的同时，各空间层面分化趋势越来越强。这种分层面的地下空间，以人及为其服务的功能区为中心，人、车分流，市政管线、污水和垃圾的处理分置于不同的层次，各种地下交通也分层设置，以减少相互干扰，保证了地下空间利用的充分性和完整性。

地下空间的利用对改善地面环境起着重要作用。我国城市在发展地下交通、降低城市大气污染的同时，还应提倡建设城市地下市政管线公用隧道，将自来水管、排污管、供热管、电缆和通信线路纳入其中，这样可缩短路线长度30%，还易于检查和修理，不影响地面土地的使用。有条件的城市还可以发展地下垃圾处理系统，消除垃圾"围城"现象。

近年来，随着中国经济持续快速发展与城镇化水平的提高，中国城市地下空间开发利用得到了大发展，其主要成就表现在：一是城市地铁建设的快速发展带动了城市地下空间资源的大规模开发利用，地铁建设推进了城市定向、有序的发展，并带动了地铁沿线房地产业的发展和地下商业交通的开发利用；二是城市高层建筑的"上天入地"推进了城市空间的立体开发；三是充分开发利用地下空间资源的防护潜能，提高了城市综合防灾抗毁能力；四是城市地下空间的开发利用已步入法制化轨道。

>>> 1.2 研究意义

随着我国社会经济的迅速发展和城镇化进程的全面推进，各城市人口均呈现不同程度的急速增长，建筑用地不断向外扩张，资源消耗快速增加。城市土地紧张、交通拥堵、水环境污染、空气污染等问题已严重降低城市居民的生活质量，且上升为城市健康发展的问题。

在这种背景下，城市地下空间作为城市空间资源极具有开发潜力的部分，引起了政府及相关专家的高度重视。1981年5月，联合国自然资源委员会（Committee on Natural Resources，CNR）将地下空间确定为重要的自然资源，并给予世界各国开发利用地下空间全力支持。联合国经济和社会理事会（Economic and Social Council，ECOSOC）也于1983年通过了确定地下空间为重要自然资源的文本，同时将地下空间的开发利用列在其工作计划之内。继1988年城市地下空间的概念在国际地下空间学术大会上提出后，2002年在意大利都灵举行的国际地下空间学术大会讨论将城市地下空间作为一种资源，进一步突出了地下空间作为一种资源在城市可持续发展中的重要地位。合理开发城市地下空间，可有效缓解土地资源紧张、交通堵塞、环境恶化、生态失衡等问题，有助于城市建设与发展，是建设资源节约型、环境友好型社会的重要手段，也是贯彻科学发展观的具体表现（吴文博，2012）。

我国城镇化建设经过迅速发展时期，目前正处于稳步上升阶段。在城市经济高速增长的同时，城市存在人口众多且过度集中所带来的一系列问题，如越发达的城市人口越多、土地越紧张、道路越拥堵、空气质量越差。此时正是城市向地下开发建设的关键时期，地下空间资源的开发与利用在不占用宝贵的地面资源的条件下，还可以为城市提供25%～40%的额外空间来缓解地面的压力。

由于各个城市的地理环境、工程地质、水文地质、土地利用情况、城市环境、城市面临的问题各不相同，在对城市地下空间进行总体规划前，对地下空间有一个系统、全面的认识是必需的，以调查的信息为基础，通过一些定性和定量方式分析影响地下空间开发潜力的因素，获得宏观的地下空间可供有效开发的综合指数，为城市地下空间规划提供重要依据（赵景伟和张晓玮，2016）。

城市地下空间总体规划不得不依托于现状数量、类型、分布特征、发展状况、人均指标等数据，因此像北京市、重庆市等大城市已开始逐步开展地下空间现状普查工作，并取得很大的进展。昆明市于2007年对主城地下管线进行了普查，目前已经完成两期地下管线普查工作。昆明市地下空间利用的深度以浅层和中层区域为主，即地下30m以上的范围。应用的领域主要包括地下市政设施、人防设施、地铁、地下停车场、地下过街通道及结合地铁和交通枢纽建设的地下综合体（地下街）。学者刘荆等（2014）通过搜集整理数据资料得出，到2010年底，昆明市已开发地下空间总建筑面积约为430.4万 m^2，以2009年中心城区人口255万人计，人均地下空间建筑面积约为1.68m^2。昆明市地下空间的利用有如下特点：早在多年以前就已经在地下建设市政设施，如今一直走在全国前列，现在彩云路、广福路和盘龙区沣源路三个区域已经建设了综合管廊；地下空间的利用以地下交通、部分停车场、市政基础设施为主；地下空间建设分散，缺乏合理的整体规划，而且目前地下空间开发规划相关的法律法规不够完善，城市规划体系也未将地下空间规划纳入其中。总之，昆明市地下空间的利用在理论研究、法律体系、技术规范、设计水平、施工水平及建设管理上，与发达国家和地区相比，还存在较大差距。未来几年，昆明市将会迎来轨道交通建设的高峰期，也将大大加速昆明市地下空间开发和利用的步伐，这时是昆明市地下空间合理规划的良好契机。

地下空间资源的开发利用具有以下几个特点：一是有限性，与地面空间资源一样，地下空间资源也并不是取之不尽、用之不竭的；二是技术性，开发地下空间所用技术要求要比地面更加复杂，开发维护成本往往高于地面空间资源的开发利用；三是不可逆性，地下空间资源一旦建设完工，今后的拆旧建新将有一定的难度，具有一定的不可逆性；四是封闭性，地下空间对某些灾害，如地震具有较强的抗灾能力，而面对火灾、雨涝等灾害时往往损失严重。

考虑到以上特点，如何科学地综合考虑地下空间多个因素来规划研究城市地下空间开发情况，解决一系列问题，实现地下空间资源开发科学规划、合理利用、长效管理，显得尤为重要，因此本书提出地下空间开发潜力模型，实现地下空间资源的多维估算与统计，可以为国内地下空间科学规划建设、合理利用提供依据，同时也可以为其他城市的相关研究开展提供参考。

近年来承载力建模技术被广泛用于地下管线设施运行状态的模拟，以此对地下管线系统的现状做出评价，并对地下管线进行科学的设计、建立与施工（解智强，2015）。而承载力模型的建设经过了实地土建模型到结合计算机数学模型的转变，早期的地下管线模型源于基础数学公式，结合数字地图成果及简单的基础背景地理数据，以及刚出现的计算机技术对地下管线进行模拟的参考意义比实际意义大。

地理信息技术的出现改变了这一进程，目前被广泛应用于地下空间承载力模型的建设中，并在承载力建模模拟精度的提升以及空间位置表达过程中发挥着积极的作用，但目前开展本项研究存在的问题是，许多城市的市政部门缺乏对城市地下空间信息，尤其是地下管线基础资料的收集与管理，同时缺乏前沿的地理信息技术，因此，对城市地下空间进行规划与设计工作缺乏客观依据，人工裁量权加重，在一定程度上造成城市地下管线以及地下空间系统的承载力不足，导致内涝等灾害发生。因此，研究并引入地下空间建模技术是高效建立城区地下空间的关键。而地下空间承载力模型建设可以在以下方面给城区地下空间系统设计奠定基础：第一是数据管理，通过承载力建模技术处理过的地下空间数据，能够为城市地下设施提供高质量的信息服务。第二是地下空间承载力建模技术与地理信息技术结合，能够增强对城市地下空间承载力的管理与分析能力，从而增强管理者对地下空间运行的管理控制程度。第三是对两者进行分析，及时掌握地下空间的运行状态，发掘并有针对性地处理城区地下空间的潜在隐患。第四是使地下空间的规划及设计建设更加优化，增加工程可靠性，并节省相应的工程预算。

地下空间承载力模型与地理信息系统（GIS）技术的结合能够实现良好的互补性：从GIS的角度而言，地下空间系统的存在状态尤其是空间分布方式能够被准确地以地图制图方式表达。而计算机自动化技术能够通过硬件软件使用对地下管线运行状态进行有效的监控。而在此基础上，地下空间承载力模型能够模拟历史和现实的地下空间运行状态，促进了解地下空间各个细部的运行状态，同时，能够预测并模拟城市地下空间未来的运行状态。

因此，研究城市地下空间承载力是一件非常有价值的科学研究工作，其主要研究目的是：第一，解答地下空间地理信息空间分布精度的疑问；第二，在承载力模型驱动下，模拟研究区域地下空间内部容量随时间变化而引起的承载力空间分布表达问题。

>>> 1.3 政策背景

合理开发利用城市地下空间是优化城市空间结构和管理格局、增强地下空间之间以及地下空间与地面建设之间有机联系、促进地下空间与城市整体同步发展、缓解城市土地资源紧张的必要措施，对于推动城市由外延扩张式向内涵提升式转变、改善城市环境、建设宜居城市、提高城市综合承载能力具有重要意义。

国家高度重视城市地下空间开发。国务院《关于加强城市基础设施建设的意见》（国发〔2013〕36号）要求：开展地下空间资源调查与评估，制定城市地下空间开发利用规划，统筹地下各类设施、管线布局，实现合理开发利用。国务院办公厅《关于加强城市地下管线建设管理的指导意见》（国办发〔2014〕27号）要求：开展地下空间资源调查与评估，制定城市地下空间开发利用规划，统筹地下各类设施、管线布局。住房和城乡建设部《城市地下空间开发利用管理规定》于2011年进行了修订。城市地下空间的规划编制应注意保护和改善城市的生态环境，科学预测城市发展的需要，坚持因地制宜，远近兼顾，全面规划，分步实施，使城市地下空间的开发利用同国家和地方的经济技术发展水平相适应。城市地下空间规划应实行竖向分层立体综合开发，横向相关空间互相连通，地面建筑与地下工程协调配合。住房和城乡建设部《城市地下空间开发利用"十三五"规划》（2016年5月发布）明确提出：合理开发利用城市地下空间，对于推动城市由外延扩张式向内涵提升式转变，改善城市环境，建设宜居城市，提高城市综合承载能力具有重要意义。

>>> 1.4 研究方法

地下空间规划开发承载力研究是地下空间开发过程中的基础工作，它主要围绕城市地下空间开发利用展开研究，通过分析城市的自然要素和社会经济要素，通过运用建模和GIS等科学技术手段分析，最终为城市地下空间开发提供科学的决策依据。

因此，地下空间规划开发承载力研究是一项复杂的系统工程，需要综合采用多种研究方法。该研究主要采用以下几种研究方法。

1. 系统分析法

由于地下空间开发利用的过程受到诸多自然、社会、经济等要素的相互影响和相互作用，因此地下空间容量、适宜性及综合利用价值的评价需要运用系统分析方法，综合考虑各类因素对地下空间开发利用的影响。

2. 定性与定量分析相结合的方法

定性分析通常用于对事物及其发生规律进行宏观、概括的描述，定量分析则可以通过一定的数学模型将事物的运动规律直观地表现出来。

综合运用定性、定量的分析方法，对影响地下空间开发的各种主要的、限制性的因素进行定性分析，确定其对地下空间开发利用的影响程度，并对影响程度进行等级划分来量化主要因素对地下空间的影响，再利用特定的数学模型对所有影响因素进行综合的定量分析，以确定地下空间资源的适宜性及适宜等级。

3. 科学分析与专家打分法相结合

科学分析是在对研究对象充分认识的基础上进行的，分析结果较客观；而专家打分法则是在专家知识、经验基础上进行的，是一种经验的判断值，不同的专家对同一问题的理解和判断不尽相同，因此其具有一定的主观随意性，一般需要经过多轮打分。

采用自上而下的分析法，从影响地下空间开发利用的众多因素中选取主要影响因素，建立科学、合理的资源容量、适宜性及综合利用价值评定指标体系；利用专家打分法来确定评定指标的权重值；通过分析每个评定指标对地下空间开发利用的影响，采用自下而上的综合法，确定多个单项评定指标对地下空间资源容量、适宜性、综合利用价值等评定的综合影响。

4. 数学建模与空间计算

地下空间开发利用容量、适宜性及综合利用价值评价研究用到的方法有层次分析法、德尔菲法、多目标线性加权函数法、问卷调查法等；地下空间详细规划评价可能用到的方法有前推式与回溯式情景分析法；地下空间规模预测可能用到的方法有功能分类法、回归分析法、模型分析及关联耦合等；通过GIS平台进行系统实现时会用到影响要素逐项排除法、空间叠加运算分析法等空间分析方法。

本书主要内容及技术路线如图1.1所示。

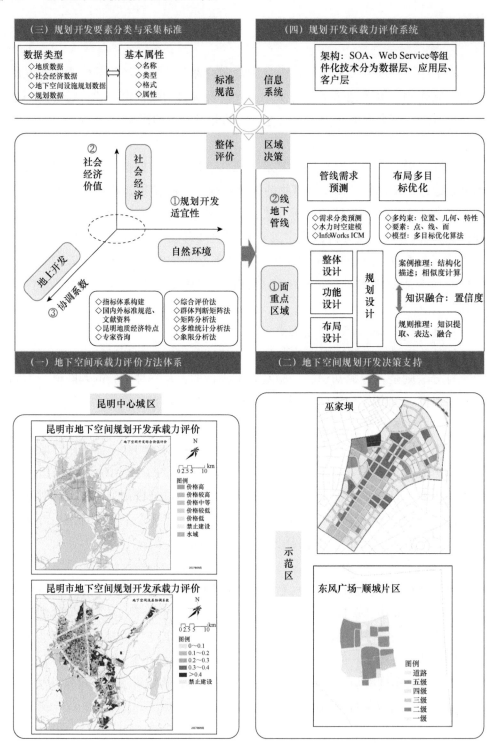

图1.1　本书主要内容及技术路线

参 考 文 献

刘荆，万汉斌，羊娅萍. 2014. 地下空间总体规划技术路线研究——以昆明为例. 地下空间
　　与工程学报，10（增刊1）：1493-1498.

刘兴环. 2015. 基于GIS的城市地下空间规划管理系统的设计与实践. 天津：南开大学.

钱七虎. 2019. 科学利用城市地下空间，建设和谐宜居、美丽城市. 隧道与地下工程灾害防
　　治，1（1）：1-7.

童林旭，祝文君. 2009. 城市地下空间资源评估与开发利用规划. 北京：中国建筑工业出版社.

吴文博. 2012. 苏州城市地下空间资源评估研究. 南京：南京大学.

解智强. 2015. 地下排水管线水力时空建模及其承载力分析. 武汉：武汉大学.

赵景伟，张晓玮. 2016. 现代城市地下空间开发：需求、控制、规划与设计. 北京：清华大
　　学出版社.

第2章
国内外理论与实践综述

>>> 2.1 地下空间开发利用需求与特点

2.1.1 开发利用需求分析

我国自改革开放以来，经济飞速发展，国民经济进入持续、稳定、高速发展的新时期。高速的经济发展促使城镇化水平大幅提高。国家统计局统计显示，1978～2019年，我国城镇化水平由17.9%提高到60.6%，城镇常住人口由1.7亿人增加到8.5亿人，城镇数量由193个增长为672个。城镇化进程取得了前所未有的成绩，而作为发展的代价，城市的建设也正以前所未有的速度消耗着耕地，与"人口城镇化"出现大量水分形成鲜明对比的是"土地城镇化"的速度过快，城镇发展空间严重失控（张书海，2013）。长江三角洲城市圈是国内十分发达的城市圈之一，这里多个城市总体规划的人均建设用地最高标准是120m^2。以苏州为例，依据《苏州城市总体规划纲要（2006—2020）》的判断，苏州的城镇化水平在 2020 年会超过 80%，城镇人口将达到800万人。然而，苏州全市只有3634.83km^{2}的土地面积可供开发利用，其中可以作为城镇建成区用地的只有约50%。按此计算，苏州全市城镇建设用地只能提供约1817km^2。按照人均用地120km^{2}的标准，可以预见苏州在2050年前后将无地可用（刘健等，2014）。

在国务院原总理温家宝在第十届全国人民代表大会第五次会议上强调"一定要守住全国耕地不少于18亿亩这条红线。坚决实行最严格的土地管理制度"后，传统的"摊饼式"的城市横向发展空间受到了极大的限制。因此，必须寻求在不占或者少占土地的前提下拓展生活空间的途径，否则不但会影响我国城镇化的进程，制约国民经济的发展，而且还会导致生态空间的缩减，加剧生存空间危机。

随着人民生活水平的提高，人们对环境的要求也在不断提高。但城市人口增长速度大于绿地增长速度，由此导致人均绿地指标降低。与此同时，建筑密度的增加和机动车数量的增长带来了空气质量下降、交通拥堵等问题。为了保护历史文化资源、更新改造老城，迫切需要增加绿地面积来改善城市景观和提高环境质量，这需要我们向地下要土地、求发展（殷浩，2013）。

交通发展对地下空间的需求更加强烈。交通是城市功能中最集中、最活跃的因素，是城市可持续发展中最为关键的问题。随着城镇化进程不断推进，城市面积迅速扩大，私人小汽车的普及加之人口数量增加、道路发展滞后以及道路资源配置不合理等问题，使得行车难和停车难的矛盾越来越突出，给城市发展以及居民出行带来了很多不便。而发展地下交通系统（如地铁、地下人行道、地下物流系统等），人车分离，路面与地下交通分流，对于解决城市交通拥堵问题具有重大意义（何德华，2015）。

总之，城市的发展需要空间，居民的生活需要空间，城市发展中出现的交通阻塞、环境污染、住房拥挤、人口过多等"大城市病"的问题需要解决。人类对空间的拓展主要有以下三种途径：

第一，开发宇宙空间。虽然近年来人类在航天技术方面取得很大的成就，但是人类在相当长的时间内仍然没有移居外太空的能力。

第二，开发海洋空间。地球的71%都被海洋覆盖，空间很大，也有实例可循，如填海造田等，但成本高、面积有限，并且海上城市存在很多技术难题尚未解决。所以，海洋空间在很长一段时间内仍不能得到有效的利用。

第三，开发利用地下空间。与前面两种途径相比，开发利用地下空间更加现实可行，人类在此方面的开发利用也取得了很大进展。因此，城市发展向地下延伸成了城市发展的新选择，开发利用城市地下空间（由二维空间向三维空间转化）、建设立体化生态城市，已成为我国城市利用空间发展自身的新趋势（华雷，2017）。

2.1.2 地下空间开发利用功能形式

地下空间开发利用的目标是通过拓展地下空间，满足城市持续发展对空间、容量的需求，改善空间拥挤状况，使城市活动空间更加紧凑；改善地面光照、绿化和景观，缓解交通，减少废渣、废气等污染，最终实现"和谐城市"的目标。从城市综合效益最大化的原则出发，根据地下空间的特性和开发利用的功能环境适应性原则，结合国内外地下空间开发利用的经验与技术，总结出地下空间开发利用的形式主要有以下几种。

1. 地下交通空间

世界上许多城市地下空间的大规模开发利用都是从地铁建设开始的，以通过地下空间的开发利用缓解城市的交通压力。地下交通空间包括地下步行道、地铁、地下快速路、车行隧道和地下车库等。

城市交通的拥挤状况要求提高城市交通运输的效率，大力发展城市公共交通系统是城市生存和可持续发展的基础。其中，地铁与其他交通工具相比，除了能避免城市地面拥挤和充分利用空间外，还有很多其他优点：一是运输量大，地铁的运输能力是地面公共汽车的8～11倍，这是任何其他城市交通工具所不能比拟的；二是速度快，地铁列车在地下隧道内风驰电掣地行进，行驶的时速可超过100km；三是地铁以电力为动力，不存在空气污染问题（郦佳琪，2016）。因此，以地铁为骨干的大容量快速交通系统是现代化城市立体交通体系的最佳选择，是解决城市客运交通问题的根本途径。

2. 市政公用设施空间

市政公用设施是城市赖以生存的物质与能量（包括信息）的供给血脉，城市集聚发展要求生命线系统不断扩容，集给水、排水、电力、电信、热力、燃气于一体的综合管廊，能实现市政管线在不重复开挖的情况下进行维护监控和扩容，提高市政管线的集约投资效益和城市生命线系统的供给稳定性与高效性。此外，将市政设施地下化和在中心区建设高压变电站、储水池等市政设施，可以解决负荷中心因用地紧张而难以建设的问题，并有效地维护了城市景观。远期在城市地下深层建设物资运输干线系统（物流系统），利用地下空间建成电力、燃气等能源流输送网络，建成货物、邮件、垃圾等固体物品运输网络，建成上、下水等液体和电子信息流等输送网络，这些网络均可提高城市功能运作的稳定性和城市整体的抗灾能力，并减少地面环境压力（骆伟明，2005）。

1）综合管廊

城市地下管道综合管廊，日语称"共同沟"，即在城市地下建造一个隧道空间，将市政、电力、通信、燃气、给排水等各种管线集于一体，彻底改变以往各个管道各自建设、各自管理的凌乱局面。各管线需要开通时，只需通知有关负责部门接通接口即可（宿晨鹏，2008）。综合管廊有效地增强了城市的防灾抗灾能力，是一种比较科学合理的模式，也是创造和谐的城市生态环境的有效途径。

当然，受历史形成的交错地下管网以及复杂的路面等条件限制，现阶段要在老城区和已有道路建设市政综合管廊难度非常大。不过近年来，国家的重视和支持将对综合管廊的建设工作起到积极的推动作用。

2）地下管线微型隧道（非开挖管道）

随着城市高度现代化和人民生活水平的不断提高，城市和乡村对基础设施建设的总体要求越来越高，地下管线越来越成为城市基础建设的重要组成部分，日夜肩负着传送信息和输送能量的重要任务，是城市赖以生存和发展的物质基础和不可缺少的生命线。但传统的挖槽埋管的地下管线施工技术对地面交通影响较大，使本来就拥挤的城市交通雪上加霜，同时给市民的工作和生活带来许多不便，特别在人口稠密的城市和交通拥挤的地区以及不允许开挖的地区，这个矛盾就更加突出。微型隧道是小直径的非开挖的顶管施工方法，通常采用地表遥控的方法来施工，其事先确定了方位和水平高度的管道，施工中工作面的掘进、泥沙的排运和掘进机的导进等全部采用远程控制。微型隧道主要应用于铺设重力排水管道，其他形式的管道也可以用此方法，但应用比例还不大。

3）地下物流系统

目前发展的地下物流系统具有较高的自动化水平，并且通过自动导航系统对各种设备、设施进行控制和管理，信息的控制在整个物流系统中具有重要的地位。地下物流系统可以划分为软件部分和硬件部分。软件部分主要对应物流系统的信息控制和管理维护部门，硬件部分则主要对应系统的运输网络实体，即地下物流网络，其形式主要有管道形式地下物流系统和隧道形式地下物流系统（郦佳琪，2016）。

3. 公共服务空间

城市商业、文娱等公共服务设施越靠近核心区越集中，效益也越高。遵从空间效益分布规律，核心区低层与地下浅层空间应作为公共服务设施，形成集多功能于一体、地上地下功能协调的公共服务综合体，增强中心区的吸引力和服务中心功能。地下商业街可结合地铁站和地下步行通道建设，避免单纯的步行通道空间环境的单调性，实现地下空间开发的综合效益，提高投资的经济效益。对于其他公共服务空间，如实验室、地下博物馆、观光隧道、体育馆和图书馆等，则根据具体功能要求而有选择地建设在地下。例如，日本北海道旧砂川地下无重力环境实验中心，试验研究要求密封舱通过自由下落实现无重力环境，需要建造超高的建筑或大深度竖井，因此利用原废弃矿井建设了该实验室，也得到了很好的效果（骆伟明，2005）。

4. 防灾空间

我国地下的防灾空间主要是人民防空工程，也叫人防工事，是指为保障战时人员与物资掩蔽、人民防空指挥、医疗救护而单独修建的地下防护建筑，以及结合地面建筑修建的战时可用于防空的地下室。人防工程是防备敌人突然袭击、有效地掩蔽人员和物资、保存战争潜力的重要设施，是坚持城镇战斗、长期支持反侵略战争直至胜利的工程保障。只有把战时需要与和平需要更好地协调起来，才能实现人防工程开发利用的"三个效益"，即战备效益、社会效益、经济效益。我国地下空间开发正是始于人防设施的建设，自20世纪60年代以来，我国已建设完成大量平战结合的防护设施，取得了良好的综合效益（刘俊和罗捷，2015）。

5. 生产空间

由于地下空间的特性，将生产设施置于地下或半地下，为需要防震、隔声、恒温（如精密仪器、机械制造和组装等生产工厂）的工业厂房提供具有特殊功能的生产空间，形成地上地下一体、竖向功能分区的生产综合体。除某些易燃、易爆或污染较严重的生产外，其他类型的生产一般都可在地下进行，特别是精密性生产，在地下环境中生产更为有利（周伟，2005）。

在城市中，在地下进行某些轻工业或手工业生产是完全可能的。我国一些城市利用人防工程进行纺织、制造类型的生产，取得了较好的效益。将变电站置于地下在城市未来的发展中将是一个主要的趋势。城市的发展给电力建设带来两个问题：一是电力需求持续增长，市中心用电密度高，需要较多深入市区的高压变电站，以减少线损，但传统变电站的建设需要占用大量的土地；二是城区地价昂贵，环境要求严格，如噪声、火灾危险、电磁辐射效应等，在稠密的市区进行变电站选址相当困难。而建设地下变电站可以利用城市绿化带或者大厦的地下室，如前者有上海人民广场及北京王府井220kV变电站，后者有北京西单110kV变电站。现在，这种将变电站置于地下的建筑形式在国内外的城市建设中已经十分普遍，且取得了较为理想的效果。

6. 储藏空间

在地面上露天或在室内储存物资，虽然储运比较方便，但要占用大量土地和空间，有些为了满足储存所需的条件，要付出较高的代价，使储存成本增加；也有一些物资在地面上储存具有一定的危险性或对环境不利。地下储库一般处于深层地下空间，多位于地表30m以下，属于深层地下空间利用形态。地下储库发展迅速而广泛的原因除了一些社会因素和经济因素，如军备竞赛、能源危机、环境污染、粮食短缺、水源不足以及城市现代化等的刺激作用外，还有一个重要原因是地下环境比较容易满足所储物品要求的各种特殊条件，如恒温、恒湿、耐高温、耐高压、防火、防爆、防泄漏等。

7. 其他功能空间

其他功能空间包括地下文物及旅游资源开发等。城市地下沉淀了两千多年的历史文化,开发利用地下空间建设地下博物馆,既能保护历史文物、延续城市历史,又能充分开发利用旅游资源、发展城市经济。例如,在湖南长沙马王堆汉墓发掘的墓室上建造了一个博物馆,它是湖南省博物馆一个重要的组成部分,每年吸引着成千上万的国内外游客前去参观。此外,城市地下废矿井、天然洞室均有其景观奇特的一面,可以开发作为旅游观光设施,如张家界的龙王洞、北京的京东大溶洞和利川的腾龙洞等都是享誉海内外的旅游胜地。

8. 地下综合体

随着城市经济和社会的发展以及城市集约化程度的不断提高,传统的单一功能的单体公共建筑已不能完全适应日益丰富和变化的城市生活。伴随着人们对城市地下空间综合利用要求的不断提高,地下综合体这一新的建筑类型应运而生。地下综合体是指在城市地下空间开发利用过程中逐渐形成的地上地下一体化开发,集商业、办公、居住、文娱和交通等多种功能于一体,主体部分位于地下的大型公共建筑综合体。

欧洲、北美洲和日本等发达国家和地区的一些大城市在新城镇的建设和旧城市的再开发过程中,都建设了不同规模的地下综合体,其成为具有现代大城市象征意义的建筑类型之一。欧洲的一些大城市,如德国、英国、法国的一些大城市,在第二次世界大战后的重建和改建中大力发展高速道路系统和快速轨道交通系统,因此结合交通换乘枢纽的建设,发展多种类型的地下综合体。特点是规模大、内容多,水平和垂直两个方向上的布置都比较复杂。美国由于城市高层建筑过分集中,城市空间环境恶化,因此在高层建筑最集中的地区,如纽约的曼哈顿区、费城的市场西区、芝加哥的中心区等,开发建筑物之间的地下空间,与高层建筑地下室连成一片,形成大面积的地下综合体。加拿大的冬季漫长,半年左右的积雪给地面交通带来困难,因此大量开发城市地下空间,建设地下综合体,用地铁和地下步行系统将综合体之间和综合体与地面上的重要建筑物连接起来(周伟,2005)。

近10多年来,我国有些大城市为了缓解城市发展中的矛盾,已经开始了建设城市地下综合体的尝试。据不完全统计,目前正在进行规划、设计、建造和已经建成使用的地下综合体已近百个,规模从几千至几万平方米不等,主要分布在城市中心广场、站前广场和一些主要街道的交叉口,在站前广场建设的较多,对改善城市交通和环境、补充商业网点的不足都起到了积极的作用。因此，借鉴国外经验，加强城市地下综合体的规划、设计和管理，对我国城市地下空间的发展是有重要意义的（张智卿，2008）。

地下综合体的规模有大有小，其建设目的和功能也有所区别，有的以改善地面交通为主，有的以扩大城市地面空间、改善环境或保护原有环境为主，也有的是为了适应当地气候的特点而将城市功能的一部分转入地下空间。除此以外，地下综合体还有其他一些功能，如抗御战争破坏和自然灾害、隔绝外界恶劣气候的影响、促使地下公用设施管线的综合化等，这些都是不能忽视的。

城市地下综合体一般都包括以下内容：

（1）地铁、公路隧道以及地面上的公共交通之间的换乘枢纽，由集散厅和各种车站、换乘枢纽组成。

（2）地下过街人行通道、地下车站间的连接通道、地下建筑之间的连接通道、出入口的地面建筑、楼梯和自动扶梯等内部垂直交通设施等。

（3）地下公共停车库。

（4）商业设施和饮食、休闲等服务设施，文娱、体育、展览等公共设施，办公、银行、邮局等业务设施。

（5）用于市政公用设施的综合管廊。

（6）为综合体本身使用的通风、空调、变配电、给水排水等设备用房和中央控制室、防灾中心、办公室、仓库、卫生间等辅助用房以及备用的电源、水源、防护设施等。

2.1.3 地下空间特点

1. 地下空间资源特性

城市地下空间的资源特性决定了其开发利用的特点，因此，需要对地下空间资源特性进行分析。地下空间被土壤和地下水等介质包围，在温度、湿度及热量的稳定方面，空间环境的封闭、隐蔽和防护安全具有较强的物理特性，具体讲主要包括太阳光被遮蔽、温度和湿度比较固定且不易散去、抗地震震动能力强、几乎不受地表噪声和震动的影响等。同时地下空间也具有难以利用太阳光和天然景观、方向性和方位感差等缺点，具有不可逆性、开发成本高、开发难度大、涉及工程技术复杂的特性（王艳霞，2012）。

（1）较强的不可逆性。地质体经历漫长的地质年代才能形成稳定结构，而地下空间资源开发必须改变原有的物质环境，一旦建成将很难进行改造或拆除，或根本无法恢复原状，具有很强的不可逆性。因此，大规模再次开发地下空间资源的可能性很小，只能够循环利用。

（2）不利影响和持久性。与地面空间开发相比，地下空间开发在总体上对生态环境的不利影响相对较小。但是由于其较强的不可逆性，一旦形成不利影响就会持续很长时间。

（3）不可移动性。地下空间附属于土地资源，只能固定空间位置使用，开发利用的空间场所、层次和时序必须进行合理分析和规划，以适应地面和自身的时间效应和功能变化，否则不仅造成资源本身的不可再生和浪费，还会影响资源开发所在区域的发展。

（4）地下空间的经济特性。地下工程相对于地面建筑的建设成本更高、工期更长；地下空间开发技术要求高、技术复杂、技术成本高。

2. 开发利用特征

从地下空间的发展和利用来看，其具有以下三大特点（王艳霞，2012）。

1）"被动"向"主动"转换

随着社会发展，城市问题越来越严重，地下空间的开发利用也从原来的"被动"向"主动"转换。地下空间最早的利用形式穴居基本是不得已而为之，是被动利用。而现代城市对地下空间的利用，虽然主要目的是应对日益严重的城市矛盾、提高土地资源利用率，看似亦是被动之举，其实是在论证了地下空间开发利用的必然趋势及地下空间具有的显著优势之后，推广和倡导的一种科学的发展方向和利用模式，属于人类对地下空间主动的开发利用。

2）"地下"与"地上"连通

随着城镇化进程的加快，现阶段城市地下空间的开发利用形式发生了重大变化。从以往只注重地下空间之间的联系性，发展到现代注重地下空间与地上空间之间的联系性，形成四通八达的联系空间，逐渐受到人们的青睐。例如，加拿大蒙特利尔的地下城，不仅在地下形成了完善的城市功能体系，而且为了熬过长达半年的积雪期，保障生产、生活的顺利进行，在地下与地上之间建立了通畅的步行系统，充分发挥了地上与地下连通的优势，让市民可以在严寒的冬季自由出入。这种方式不仅打破了传统地下空间给人封闭、孤立的印象，也给地下空间开发利用提供了新的思路。地上与地下连通体也正是本书受限空间的研究层面。

3）"技术"与"环境"结合

地下空间的开发利用在使地面环境得到极大改善的同时，也需要注重技术与环境的有效结合，主要体现在两个方面：一是地下空间刚开始利用的时候更多的是注重工程建设技术，忽略其环境的舒适性，随着城市的发展及人们需求的增加，地下空间的利用越发重视其使用环境和居住环境；二是地下空间舒适的环境离不开技术手段的支持，如利用先进的手段可以自由地控制地下空间的光线、声音和气候等物理指标，使得地下空间与地上空间环境相适应，甚至地下空间比地上空间更舒适。

>>> 2.2 国内外地下空间开发利用实践

2.2.1 国外地下空间开发利用现状

随着工业化进程的加快，人口大量向城市集中。为解决城市人口密集和土地紧张带来的问题，过去的主要途径是扩展市区和修建高层楼房，这导致服务设施紧张、环境质量下降。20世纪60年代中期，经济发达国家和地区爆发交通危机、土地危机，后来又加上能源危机，引发了开发利用城市地下空间的热潮。进入20世纪80年代后，国际隧道协会提出了"大力开发地下空间，开始人类新的穴居时代"倡议。1997年10月在加拿大魁北克市召开了第七届地下空间利用国际会议。地下空间开发利用成为城市进一步现代化发展的必然趋势。

从1863年英国伦敦建成世界上第一条地铁开始，国外地下空间的发展已经历了相当长的一段时间，国外地下空间的开发利用从大型建筑物向地下的自然延伸发展到复杂的地下综合体（地下街）再到地下城（与地下快速轨道交通系统相结合的地下街系统），地下建筑在旧城的改造再开发过程中发挥了重要作用。同时地下市政设施也从地下供、排水管网发展到地下大型给水系统，地下大型能源供应系统，地下大型排水及污水处理系统，地下生活垃圾的清除、处理和回收系统，以及地下综合管线廊道（共同沟）。与旧城改造及历史文化建筑扩建相随，在北美、西欧及日本出现了相当数量的大型地下公共建筑，有公共图书馆和大学图书馆、会议中心、展览中心以及体育馆、音乐厅、大型实验室等地下文化体育教育设施。地下建筑的内部空间环境质量、防灾措施以及运营管理都达到了较高的水平。地下空间利用规划从专项规划入手，逐步形成系统的规划。其中，以地铁规划和市政基础设施规划最为突出。一些地下空间利用较早和较为充分的国家，如芬兰、瑞典、挪威和日本、加拿大等，正从城市中某个区域的综合规划走向整个城市和某些系统的综合规划。各个国家地下空间的开发利用在其发展过程中都形成了各自独有的特色。

瑞典地处北欧，其地质条件多为良好的岩石地层，为地下空间开发利用创造了极好的条件，大型的地下排水和污水处理设施、地下管道运送垃圾系统、地下大型供热隧道、地下储热库等设施均处于世界领先地位。俄罗斯也是世界上城市地下空间开发利用先进的国家之一，苏联时期建设的地铁系统，其车站建筑与装饰的艺术风格，被世人誉为"地下艺术长廊"，整个地铁系统分上、中、下三个层次，兼顾防空防灾功能（傅健，2008）。

美国将很多设施置于地下，地下空间的利用是多方面的、广泛的。例如，将城市地下空间利用点、线、面以整体网络型组合起来。其中，从更新城市机能及节约能源的角度来看，地下城市设施除地下街、地下铁、道路隧洞外，还有与自然比较协调及有采光要求的半地下式大学；交通设施有道路隧洞、地下停车场等。

日本由于国土面积狭窄，地下空间的综合利用虽比北欧等国家和地区起步晚，但地下街道、地下车站、地下铁道、地下商场的建设规模的成熟程度已居世界领先地位。

从国外地下空间现状分析，其发展趋势如下：一是从大型建筑物向地下自然延伸的简单利用（消极空间）发展为相对独立的实体（积极空间）；二是因地铁建设地下空间的内容和范围大大拓宽，其从布置上分散、功能单一的孤立的地下建筑物发展成功能复杂的大型综合空间，并因经济上的赢利性调动社会在地下空间综合开发的积极投资；三是在旧城再开发中发挥重要的作用；四是推动地块功能分区更加合理，使地上开发在竖向上进行功能分区成为可能，消除传统城市分区格局中功能单元之间联系不便的弊病，使分隔和联系得以统一；五是空间环境质量、防灾措施以及运营管理提高到一个新的水平，逐渐克服、缓解地下空间一些固有不足，将其塑造成为富有特色的地下环境，从技术建筑中分离出来，在设计上注重文化价值。

2.2.2　国内地下空间开发利用现状

我国地下空间的发展可追溯到远古时代，天然岩洞是早期人类住所的普遍形式。地下空间的进一步发展始自陵墓。在近代，抗日战争中的地道战以及二十世纪六七十年代的大量人防工程等是主要的地下空间利用形式。在现代，地下空间的形态丰富多彩，城市掀起了地下空间开发利用的热潮。

我国城市地下空间的开发利用源于北京、西安、上海、天津等传统型和开放型城市，而近代城市地下空间的开发利用又源于城市下水道、上水管、燃气管、电力电缆等市政管线的地下埋设以及部分建筑物的地下室等。自1949年中华人民共和国成立以来，城市地下空间的开发利用又发展于全面规划建设人防工程。

20世纪70年代，北京、天津地铁建成。20世纪90年代中期，以上海、广州、重庆、深圳、南京、武汉等大城市为代表，以解决城市交通为目的，以大容量轨道交通及地铁工程规划设计为标志，谱写了我国大城市地下空间资源开发利用的新篇章。以北京市为例，截至2015年12月26日，北京地铁共有18条运营线路（包括17条地铁线路和1条机场轨道），其组成了覆盖北京市12个市辖区、拥有278座运营车站、总长554km运营线路的轨道交通系统。地铁建设不仅自身系统大量地开发利用了地下空间资源，同时也带动了沿线及车站区域的城市开发和立体化，地铁的规划建设已成为我国大城市地下空间资源开发利用的主要载体。

自1985年起，上海市历时6年进行了人民广场大改造。地上规划了市政府大厦、博物馆、喷泉等，地下规划了地铁、商业街、停车场、变电站、地下水库等，实现了地上地下功能与空间的协调发展。这一成功经验在我国的西安钟鼓楼广场、北京西单文化广场、北京奥林匹克公园、济南泉城广场等立体化开发实践中得到了发展。

1994年上海市浦东新区结合张杨路的建设，规划建设了11.2km的城市地下综合管廊，为推进我国城市市政管线的地下化、集约化和管廊化发展提供了经验。近年来，为了推动解决反复开挖路面、管线事故频发等问题，促进城市集约高效和转型发展，增加公共产品有效投资、拉动社会资本投入，各地掀起了新一轮的地下综合管廊建设浪潮。尤其是《国务院办公厅关于推进城市地下综合管廊建设的指导意见》（国办发〔2015〕61号）的出台，为地下综合管廊建设创造了很好的政策环境。

1997年建设部发布《城市地下空间开发利用管理规定》后，国内一些经济发达的城市开始地下空间开发利用的探索。目前，地下空间开发利用的规模越来越大，深度越来越深，并且功能越来越多，呈复杂化、综合化趋势，主要有地下公共设施、地下交通设施、地下市政设施、地下防灾设施等。北京、上海、广州、深圳、南京等城市走在了我国地下空间开发利用的前沿，这些城市的地下空间已经发挥了巨大的社会效益和经济效益（陈伟，2013）。

　　近年来，国内许多城市开展了地下空间规划。《北京中心城中心地区地下空间开发利用规划（2004—2020）》在借鉴国内外经验和大量现状调查的基础上，科学评价了地下空间资源，确定了规划目标、原则和发展策略，预测了合理的发展规模，研究了地下空间的布局和重点地区的分布，对北京中心城地下交通系统、地下市政系统、地下空间防空防灾、安全技术保障、历史文化名城保护、生态环境保护等不同层面进行了深入的系统研究。

　　《合肥市地下空间开发利用规划（2013—2020）》重点开发主城区，限制开发环巢湖。通过地下空间资源影响因素调查和资源评价，合理对地下空间进行适建性控制分区划定，将地下空间划分为地下空间慎建区、限建区和适建区。其中，广场、空地、道路、规划拆除重建地区、新开发建设地区为地下空间适建区。市区级公园绿地、郊野公园绿地、城市绿地、水体、现状保留地面建筑区、已开发地下空间区为地下空间限建区。合肥市地下空间开发大致沿着"轨道"建设，适宜开发深度主要控制在浅层（-15～0m）和中层（-30～-15m）之间，一般地区以浅层开发为主，城市重点地区的地下空间开发利用深度在规划期内应达到中层。远景时期，部分重点地区地下空间开发利用的深度可达深层（-30m以下）。-15～0m的浅层地下空间将主要担负商业服务、公共步行通道、交通集散、停车等功能，城市道路下的浅层空间优先安排市政管线、综合管廊、轨道、人行道等功能。-30～-15m的中层空间主要有停车、交通集散、人防等设施，城市道路下的中层空间可安排轨道、地下道路、地下物流等功能。-30m以下的深层空间主要有公用设施干线和轨道交通线路等设施。

　　《青岛城市地下空间资源综合利用总体规划（2014—2030）》深入分析了青岛市经济社会发展特点和建设现状，结合青岛市城市总体战略规划和未来发展目标，在地下空间资源评价、空间管制分区、地下交通、地下市政、地下公共服务、地下防灾等10个方面进行了全面系统的研究，确立了"全域统筹、重点引领，轨交辐射、片网相融，立体拓展、有序分层"的地下空间开发利用战略，科学地提出了地下空间资源综合利用发展战略和目标，绘制了地下空间近期、中期、远期开发利用的区域重点及前景。根据青岛市对地下空间的研究设计，将地下空间分为平面和竖向两类进行综合立体规划。其中，平面规划设计以13条轨道交通线路为发展轴线，串联、带动32处地下空间重点建设区域；竖向规划设计分为浅层（-10～0m）、中层（-30～-10m）及深层（-30m以上），重点研究各层物理性、生态性等，以确定适合各层空间的业态，分层实施规划控制。

《淮南城市地下空间开发利用规划（2012—2020）》以城市中心、副中心、高强度商业（商务）区、综合交通枢纽为片区，以换乘轨道站点以及大型公共设施等为节点，结合城市一般地区的地下空间开发，逐步形成"点、面相结合"的地下空间开发利用总体结构。通过调查地下空间资源影响因素，将地下空间进行适建性评价，并将其分为地下空间禁止建设区、限制建设区和适宜建设区，同时根据需求区位和需求等级两方面进行分区，沿地铁线和市政管线通道发展。

《临沂市中心城区地下空间专项规划（2013—2020）》通过对地下空间利用的规划引导与管控，主要发展基础性功能设施、公共公益性功能设施；重点以地下交通设施、地下市政公用设施、地下防灾设施为主导功能设施；适度发展地下公共服务设施、地下能源设施、地下仓储及物流设施；以轨道交通为构架，串联地下空间公共发展核心以及节点的"点-网"式发展结构；集中发展浅层和中层地下空间。

《宜宾市城市地下空间利用规划》（2015年批复）分2014～2020年、2021～2030年两个时间段实施，将构建以交通功能为主体、与地上功能紧密配合的综合型地下空间系统，采取两轴两心多点发展模式。

《南京城市地下空间开发利用总体规划（2015—2030）》将地下空间布局结构与地面空间有机结合，以单项地下工程为点，以城市各级中心地下空间为面，形成与地面空间结构相适应，以主城、新市区、新城为相对独立空间单元的"组团-集群式"的布局结构。这是一项全面的、系统的、综合的规划，工作重点涉及地下空间布局、各级中心地下空间开发利用引导、规划管理引导、专项规划等内容。

《金华市多湖中央商务区地下空间开发及综合交通专项规划》集地下步行系统、地下公共服务设施及地下交通与停车系统等功能于一体，其功能主要由基础功能（地下交通功能、地下市政基础设施功能、地下防灾功能）、补充功能（主要体现为公共服务配套功能）和发展功能（处理固体垃圾、集中供应能源、雨水调蓄回收、利用地热资源等设备）组成。

《湘潭市城市地下空间开发利用总体规划（2011—2020）》结合城市地面功能布局及中心体系，形成"三核、七点、中心联结"型发展结构。地下空间按开发强度分为高强度区、中强度区、低强度区、预留保护区四个分区。高强度区主要为大型交通枢纽、城市商业金融中心等，平均开发强度为地下2～3层；中强度区对应城市次一级公共服务中心、社区中心、行政中心、医疗卫生用地等，平均开发强度为地下1～2层；低强度区对应城市居住区、商住混合区、广场、体育场馆及部分公园绿地等，平均开发强度为地下1层；预留保护区主要分布于工业园区及部分公园绿地等，地下空间开发以预留保护为主、局部开发为辅（陈伟，2013）。

《南京市鼓楼区地下空间规划》将鼓楼区地下空间按照重点开发区、鼓励开发区、有条件开发区、一般开发区四个级别进行控制。地下空间重点开发区，主要为"三片两带"的鼓楼区重点建设地区。地下空间鼓励开发区，主要为各级中心和地铁枢纽站点周边区域。地下空间有条件开发区，主要为绿地及历史城区中部分区域。地下空间一般开发区，主要为上述地区以外的地区。地下空间重点开发区与鼓励开发区的主要功能为商业、休闲、娱乐、停车、基础设施等；地下空间有条件开发区与一般开发区的主要功能为满足自身配套的停车及人防等（陈伟，2013）。

>>> 2.3 国内外理论研究现状

2.3.1 规划理论与方法

国外多数国家将地下空间规划纳入总体规划中，并制定法律法规以保障其实施。基本方针包括：①强调规划的必要性和重要性，确保地下空间资源不被破坏或由于不适当的使用而浪费；②必须制定有关标准、准则和分类，以便对地下空间的使用做出恰当的评价以决定其使用的优先权，更好地处理可能发生的使用上的冲突，并为将来更重要的利用提供预留空间；③建立地下空间使用分类档案，包括规划方案和已建工程档案；④针对特殊地区或重点地区制定综合性开发方针和地下空间详细规划。

在地下空间规划审批上各国的情况有所不同：通常一般以防卫为主要建设目的的，以民防部门为主；而以交通、公共福利设施为目的的，以城管部门为主；还有些城市成立专门的地下空间管理委员会作为管理部门。

当前我国在城市地下空间规划理论方面也取得了可喜的成绩，走在世界前列，目前较为重要的规划理论主要有：西南交通大学关宝树和钟新樵（1989）编著的《地下空间利用》明确提出了"地下设施规划"的概念、层次、思考过程和评价方法；清华大学童林旭（2012）编著的《地下建筑学》提出了将城市地下空间开发利用综合规划纳入城市总体规划范畴中；同济大学陈立道和朱雪岩（1997）编著的《城市地下空间规划理论与实践》提出了借鉴地面城市系统规划的"地下空间规划"；东南大学王文卿（2000）编著的《城市地下空间规划与设计》提出了以城市上、下部空间协调发展为核心的网络化的城市地下空间形态与功能综合规划的理论；陈志龙和刘宏（2011）编著的《城市地下空间总体规划》首次对城市地下空间规划从功能、布局、形态、系统等诸多方面进行全面系统论述。

在规划审批方面，由于我国城市地下空间开发利用缺乏统一规划，目前还没有形成系统的地下空间规划限制条件，只能在详细方案审查阶段对地下空间项目方案进行审批，因此项目的决策不够科学。

2.3.2　城市地下空间资源评价研究

地下空间资源评价指对地下空间资源潜力、质量和价值的综合评价，评价结果和数据可作为地下空间合理规划、建设的基础数据；评价的结果是地下空间资源开发的不可逆性和实现城市可持续发展的必然性；通过地下空间资源评价，了解资源分布特点、资源属性及其相互关系，可以为地下空间合理开发提供政策依据（吴文博，2012）。

国外城市地下空间资源研究和大规模开发利用始于20世纪后半叶。早期的研究有：Jaakko（1989）完成了芬兰的一项地下空间在规划和土地利用方面的研究，提出了以岩石区、环境影响和投资进行评价分类，并对各种城市功能的可行深度分布提出了具体建议；Edelenbos等（1998）对荷兰城市地下空间进行评价时，提出将投资、内外部的安全性、对环境和居民的影响等因素列为评价指标；李地元和莫秋喆（2015）在对新加坡地下空间进行规划和位置选择研究时，将地质、水文、环境、心理、地面发展、社会、经济及政治因素作为评价的因素而加以考虑；Boivin（1990）在研究加拿大魁北克市地下空间开发利用时，用地图来表达地下土体和基岩的厚度、倾向等空间分布信息，并以此来进行可视化辅助决策。

国外地下空间资源评价实践方面，1982年美国明尼苏达大学地下空间中心的研究人员Sterling和Nelson进行了一项明尼阿波利斯市地下空间规划前期工作的研究，这是世界上第一次进行的城市地下空间资源调查与评价。资源调查范围包括明尼阿波利斯市市区和郊区，面积约220km^2，通过对地形、地质条件的分析和对给水、供电、供气等市政系统的了解，研究人员给出了该市土层和岩层地下空间的适宜开发范围图，并最终给出了该市可供有效利用的土层地下空间资源分布图，但遗憾的是，在进行了资源评价与适用性评价后，并没有在此基础上制定地下空间开发利用规划，仅提出了少数开发利用方案。

我国在这方面的研究始于20世纪90年代，一些早期的研究成果有：黄玉田等（1995）将北京市中心区地下空间资源按地下深度及城市功能的适用性划分为5个级别，基于因子分析和灰色评价法对北京市中心区地下空间资源质量进行了分析和评价；张春华等（1999）按土体的沉积类型、基岩埋深、基岩质量、边坡坡度的综合影响，将南京市的地基使用能力分成5级，并绘制了分区图；童林旭和祝文君（2009）对北京二环以内（涉及东城、西城、崇文、宣武4区）62.5km^{2}范围内的道路、广场、空地、绿地、水面、建筑物、文物古迹等的占地面积进行了调查，并基于平面面积分析方法，对调查区内深度10m以内的单建工程、地道、防空地下室、公用设施管道、地下铁道、人行过街地道等地下工程所占的地下空间面积进行了调查，将调查区内地面与地下空间的保留空间范围、可开发利用的地下空间范围相叠加，得到了北京市可供开发的地下空间范围（以面积来表达）的分析与评价结果。

刘健等（2014）结合苏州城市规划区的地质环境特点，选取地形地貌、建筑场地类别、不良岩土体、水文条件、地质灾害5个方面共13个因子构建地下空间资源开发适宜性评价指标体系，运用层次分析法、多目标线性加权函数法、GIS叠加等方法，得到苏州城市规划区地下空间开发适宜性评价结果。

>>> 2.4 法律法规与政策文件

我国地下空间大规模开发利用的时间比较晚，虽然已经出台的一些法律、法规包含有规范城市地下空间的有关内容，如《中华人民共和国城乡规划法》《中华人民共和国土地管理法》《中华人民共和国城市房地产管理法》《中华人民共和国人民防空法》《中华人民共和国矿产资源法》《中华人民共和国环境保护法》《中华人民共和国建筑法》等，但没有一部是专门针对城市地下空间开发利用而制定的。现有的法律规范只是介绍了地下空间开发利用的基本原则，但对地下空间开发中存在的一些具体问题没有做出详细的规定。

目前，国家及一些省市已出台的与地下空间开发利用有关的地方性法规、政府规章和规范性文件见表2.1。

表2.1　我国部分地下空间管理法规规章

地域	名称	发布时间（年、月）
全国	《城市规划编制办法》	2005.12
全国	《中华人民共和国城乡规划法》	2007.10
全国	《中华人民共和国物权法》	2007.3
全国	《中华人民共和国人民防空法》	1996.10
全国	《城市地下空间开发利用管理规定》（2011年修正本）	2011.1
全国	《城市地下空间开发利用"十三五"规划》	2016.6
全国	《城市地下空间规划标准》	2019.3
北京	《北京中心城中心地区地下空间开发利用规划（2004—2020）》	2004.6
北京	《北京城市总体规划（2004—2020）》	2004.6
江苏	《江苏省城乡规划条例》（2010年施行）	2010.3
深圳	《深圳市土地利用总体规划（2006—2020）》	2006.6
广州	《广州市地下空间开发利用管理办法》	2011.12
深圳	《深圳地下空间开发利用暂行办法》	2008.7
东莞	《东莞市地下空间开发利用管理暂行办法》	2011.8
浙江	《浙江省土地登记办法》	2002.6
浙江	《浙江省土地登记办法实施细则》	2003.4
浙江	《浙江省城市地下空间开发利用规划编制导则（试行）》	2010.8
浙江	《关于加强绍兴市区地下空间土地使用权管理的意见》	2004.12
浙江	《浙江省人民政府关于加快城市地下空间开发利用的若干意见》	2011.3
浙江	《杭州市人民政府关于加强城市地下空间开发利用管理的若干意见》	2011.12
浙江	《杭州市区地下空间建设用地管理和土地登记暂行规定》	2009.05
上海	《上海市地下空间规划建设条例》	2013.12
上海	《上海市城市地下空间建设用地审批和房地产登记试行规定》	2006.3
福州	《福州市城市地下空间开发利用管理办法（试行）》	2018.6
南昌	《南昌市城市地下空间开发利用管理办法》	2013.10
山东	《山东省城市地下空间开发利用规划编制审批办法（试行）》	2001.3
厦门	《厦门市地下空间开发利用管理办法》	2011.5

日本是世界上地下空间开发利用比较早的国家，建立了比较科学的地下空间开发利用管理体制，形成了比较完善的法律体系。1963年，日本国会通过了《有关修建共同沟的特别措施法》（即《共同沟法》），目的是在公路下面建造共同沟，集成相关的管线，确保道路结构安全和保证交通运输。1973年，日本四

省厅颁布了《有关地下街的使用》的通告（包括建设省、消防局、警示厅、运输省），目的是控制新建、增设地下街。1981年，日本颁布了《关于地下街的基本方针》的五省厅（建设省、消防局、警示厅、运输省、资源能源厅）的通告，对建设地下街提出了很多要求和规定。2000年5月26日，日本国会颁布了《大深度地下空间公共使用特别措施法》（2001年实施）、2000年12月6日颁布了《日本大深度地下公共使用特别措施法施行令》，地下空间管理综合立法正式完成，该法明确了大深度地下的定义、事业者、事业区域、对象地域、对象事业，规定了大深度地下利用的安全、环境要求及基本方针，规定了大深度地下使用的认可、取消，事业区域转让、补偿等内容，形成地下空间管理综合立法。同时，日本颁布了一些单项法律，如《道路法》《河川法》《轨道法》《土地征用法》等一系列法律对土地征用、共同沟和地下空间规划进行了规定。日本的《民法典》《不动产登记法》涉及地下空间（李溪瑞和汤耀琪，2016；刘春彦和沈燕红，2007）。

目前，英国并没有关于地下空间规划或管理的单独法律或法规，然而对于地下空间规划的规范散布在不同的法律和法规之中，涉及地下空间开发利用的法律和法规有：《2004年城乡规划和强制收购法》《2008年规划法》《2013年规划法——开发项目审批导则》《1984年道路交通规范法/1991年道路交通法》等（杨滔和赵星烁，2014）。2011年英国议会提出了《地下开发利用议案》，其中地下开发利用指地面以下所有的新建和扩建的开发建设，目的是规范地下开发利用的管理和施工，以及整合不同法规中地下开发利用的规范，以便对地下空间的开发与利用提供更加完整的法律支持。该议案还重点讨论了申请规划审批的步骤、报批的基本要求、开发者的责任等。

参 考 文 献

陈立道，朱雪岩. 1997. 城市地下空间规划理论与实践. 上海：同济大学出版社.

陈伟. 2013. 控规阶段地下空间规划研究——以南京下关地区为例. 南京：南京工业大学.

陈志龙，刘宏. 2011. 城市地下空间总体规划. 南京：东南大学出版社.

傅健. 2008. 北京城市地下空间发展利用研究. 北京：北京建筑工程学院.

关宝树，钟新樵. 1989. 地下空间利用. 成都：西南交通大学出版社.

何德华. 2015. 城市中心区地下空间开发设计策略及方法. 城市建设理论研究，5（27）：961-962.

华雷. 2017. 砌体建筑地下空间开发中基础托换技术的研究. 南京：东南大学.

黄玉田，张钦喜，孙加乐. 1995. 北京市中心区地下空间资源评估探讨. 北京工业大学学报，21（2）：93-99.

李地元，莫秋喆. 2015. 新加坡城市地下空间开发利用现状及启示. 科技导报，33（6）：115-119.

李溪瑞，汤耀琪. 2016. 日本地下空间法律体系对我国法律建设的启示. 法制与社会，（13）：1-3.

郦佳琪. 2016. 资源环境视角下城市地下空间可持续发展评价研究. 南京：南京工业大学.

刘春彦，沈燕红. 2007. 日本城市地下空间开发利用法律研究. 地下空间与工程学报，3（4）：587-591.

刘健，魏永耀，高立，等. 2014. 苏州城市规划区地下空间开发适宜性评价. 地质学刊，38（1）：94-97.

刘俊，罗捷. 2015. 城市地下空间开发利用存在的问题与对策研究. 四川建筑，（5）：10-11，15.

骆伟明. 2005. 广州城市地下空间开发利用研究. 广州：中山大学.

宿晨鹏. 2008. 城市地下空间集约化设计策略研究. 哈尔滨：哈尔滨工业大学.

童林旭. 2012. 地下建筑学. 北京：中国建筑工业出版社.

童林旭，祝文君. 2009. 城市地下空间资源评估与开发利用规划. 北京：中国建筑工业出版社.

王文卿. 2000. 城市地下空间规划与设计. 南京：东南大学出版社.

王艳霞. 2012. 基于时空变化的我国城市受限空间安全效率研究. 北京：北京化工大学.

吴文博. 2012. 苏州城市地下空间资源评估研究. 南京：南京大学.

杨滔，赵星烁. 2014. 英国地下空间规划管理经验借鉴//中国城市规划年会论文集：1-12.

殷浩. 2013. 城市地下空间开发利用综合研究. 城市建设理论研究，（5）：2095-2104.

张春华，罗国煜，Salah B. 1999. 南京市地基的使用能力及其分区图的研究. 水文地质工程地质，（1）：15-18.

张书海. 2013. 北京市城镇建设用地扩张的时空规律与动力机制研究. 北京：北京大学.

张智卿. 2008. 浅谈城市地下空间设计. 山西建筑，34（32）：55-56.

周伟. 2005. 城市地下综合体设计研究. 武汉：武汉大学.

Boivin D J. 1990. Underground space use and planning in the Québec City area. Tunnelling and Underground Space Technology, 5 (1-2): 69-83.

Edelenbos J, Monnikhof R, Haasnoot J, et al. 1998. Strategic study on the utilization of underground space in the Netherlands. Tunnelling and Underground Space Technology, 13 (2): 159-165.

Jaakko Y. 1989. Spatial planning in subsurface architecture. Tunnelling and Underground Space Technology, 4 (1): 5-9.

第3章
地下空间规划开发适宜性评价模型

>>> 3.1 概述

3.1.1 基本概念

地下空间规划开发适宜性广义上是指综合考虑自然要素、环境要素、人为要素、建设要素等，通过资源普查、要素分析及综合判断，确定地下空间资源的适合建设性用地规模与空间分布。本书适宜性为狭义的适宜性，即地下空间资源地质条件的工程适宜性，也可以表述为：基于工程地质条件、生态适宜性条件和建设空间类型等工程性因素的地下空间规划开发适宜性。

3.1.2 国内外研究现状

国内对地下空间规划开发适宜性评价研究做了很多工作，主要根据不同城市的特点，建立了相应的评价模型。祝文君（1992）提出对城市宏观层次的地下空间资源进行调查，建立了国内外第一个地下空间资源调查的模型和基本概念体系，以及地下空间资源分层调查的方法。黄玉田等（1995）提出运用灰色评估法对地下空间资源质量进行分级，建议以工程地质条件复杂程度、地下水条件、施工技术难度、环境影响程度、地域重要程度和综合效益水平六项影响因素为评估因子，对北京市地质背景和地质分区进行分析。青岛市主城区2004～2006年地下空间开发利用规划编制研究中，根据青岛市以滨海和丘陵为主的特点，对地下空间资源合理开发的适宜性进行分级分区（潘丽珍等，2006）。童林旭和祝文君（2009）对厦门市城市地下空间资源评估做了深入的研究，阐述了地下空间的自然资源学基本属性以及资源调查评估的基本理念和方法，提出了厦门城市地下空间资源调查评估的体系及模型，调查和探讨了厦门城市工程地质及水文地质条件、城市建设现状等，从而对地下空间资源的工程适宜性难度分级。

3.1.3　研究定位

基于以上分析可知，本书地下空间适应性研究需要在已有地下空间适宜性研究的基础上，形成一个相对完整的评价指标体系，以便在地质勘查、地下空间管理等过程中不断收集数据，经过未来多年的数据积累，逐渐摸清地下空间适宜性情况；结合地形地貌、地质条件等特点，选择有代表性、数据较为完整的指标，采用层次分析法确定指标权重，根据现有数据情况对地下空间适宜性进行评价，指导地下空间规划开发工作。

>>> 3.2　适宜性影响因素分析

影响地下空间开发利用的自然条件不仅包括大自然中对地下空间开发的工程技术难度有影响的因素，还包括地下空间开发对自然环境和生态系统中敏感性因素的反作用。

城市地下空间开发利用适宜性分为两个大的方面：一是地质载体与环境条件对地下空间开发利用的技术影响和制约，即工程地质和水文地质条件；二是根据地下空间开发的环境影响和自然、生态环境保护需求提出地下空间开发限制，即生态环境敏感性要素。

3.2.1　地形地貌条件

城市地形是指地面的起伏程度和形状，衡量的标准是地形坡度和地势。

地形坡度对施工场地和施工机械的布置有不利影响，但天然的地形坡度也可成为有利条件。当城市地形为丘陵时，评价任务还应对坡度和地貌与地下空间利用的适宜性进行分类和评价。

地势是指规划用地地面高度与相邻地块的高低关系，特别是与相邻道路的相对高差。在地下空间规划中应结合城市地势和城市的防洪规划，对城市规划的地下空间利用地区的地势条件进行划分，将其作为地下空间开发适宜性评价和地下空间规划布局考虑的重要因素。鲁晓婷（2015）对坡地地下空间开发利用的综合特征、影响因素、开发意义、开发原则等进行了探讨。

3.2.2　岩土类型与基本工程地质条件

土体或岩体是城市地下空间的环境物质和载体，城市工程地质条件直接控制地下空间开发的难易程度。地质条件对地下工程的整体安全性和经济性起决定性作用，是地下空间开发适宜性评价的核心要素。

1. 土层工程地质条件

土层是基岩上部地表层松软的地质组成物质，城市建设区一般选在土层上。

土层的工程地质条件主要是土层的承载力、压缩模量和土体的稳定性。评价某一土层对地下空间开发的适宜程度或土体质量，需要考虑用作地下建筑的围岩层，即承载地下空间环境介质的强度和稳定程度、场地和基地的稳定性以及地面和地下设施对地下空间开发的影响。因此，在工程地质条件的评价中，主要应选用两类指标：第一类为本层土体的强度和稳定性指标；第二类为下层土体的地基稳定性指标和整体场地的稳定性指标。

1）本层土体工程性能与条件

本层土体的强度和稳定性条件主要关系到该层土体在施工时地下空间成形的难易程度及对地表扰动变形影响的敏感程度。

土体的压缩性和密实程度决定地基承载力大小，影响在开发地下空间时是否需采取加强措施；孔隙率、渗透性等决定地下水的饱和含水百分比和流动状况，影响防水措施的选择；抗剪强度、土体稳定性等决定其受载荷变形能力的强弱，以及开发施工是否需采取特殊处理措施以确保工程安全可靠。

在城市进行大规模的地下空间资源土层性能评价时，土体的基本类型可以作为评价土体的工程性能的基本指标。在城市地下空间总体规划阶段，土体的工程性能指标如果太具体反而不具有可靠性。虽然每种土层由于所处条件的不同，其工程指标参数有较大差别，但总体来看同类土体的工程性质基本类似。

2）下层土体工程性能与条件

下层土体作为上部地下空间的地基和场地载体，其稳定程度影响上层地下空间资源的工程适宜性质量。下层土体稳定性和环境工程地质条件会受到内外动力地质作用的影响。根据《城乡规划工程地质勘察规范》（CJJ 57—2012），场地稳定性可划分为不稳定、稳定性差、基本稳定和稳定四级（表3.1）。

表3.1　地下空间场地稳定性分析

场地稳定性类别	基本条件
稳定	无活动断裂带；对建筑抗震的有利地段；不良地质作用不发育
基本稳定	非全新活动断裂带；对建筑抗震的一般地段；不良地质作用弱发育，地质灾害危险性小的地段
稳定性差	微弱或中等全新活动断裂带；对建筑抗震的不利地段；不良地质作用中等，较强烈发育，地质灾害危险性中等地段
不稳定	强烈全新活动断裂带；对建筑抗震的危险地段；不良地质作用强烈发育，地质灾害危险性大的地段

注：从不稳定开始，向稳定性差、基本稳定、稳定推进，以最先满足类别的为准。

2. 岩层工程地质条件

岩层是指岩石圈中尚未风化或未完全风化的组成物质，是优良的地下空间资源环境物质和地质载体，其中基岩露出地面或覆盖于土层下，随地形起伏露出者一般形成山体或丘陵。岩层的地质分布和构造复杂多变，对地下空间开发的影响不易制定简单、统一的分类标准。

地质构造：对地下工程建设有影响的地质构造主要有褶皱和断裂，褶皱和断裂使岩体发生了不同程度的变形或移位，破坏了原有岩体的整体性和完整性。因此，地下空间开发应尽量避开不良地质构造区域。

岩石强度：岩石是组成岩体的最小单位，岩石的强度较高、承载力较大、变形模量小时，有利于工程稳定性和建设；但强度过高，也会使岩石的挖掘难度增大、工程开挖费用提高。

岩体结构：岩层的工程地质条件与岩体的结构类型有密切的联系。根据岩体的完整形态与完整程度，岩体结构可分为四类：完整块状结构、层状结构、碎裂结构、散体结构。

3.2.3　地下水水文地质条件

地下水是地层空间的重要环境影响物质和生态系统物质。地下水类型、埋深、分布、流向、富水性、水位变化和腐蚀性对地下空间的规划布局和开发利用有重要影响。同时，地下空间的开发利用对地下水环境和地下水系运动也有影响，大型的地下空间开发可能改变地下水渗流等一系列特性，破坏水的自然循环和流动，进而影响生态的可持续发展，并且有可能对地下水造成污染。

1. 地下水类型与相对水位

地下水分为三种类型：上层滞水、潜水和承压水，它们分别具有特殊的赋存状态和运行特性。

上层滞水作为一种无压重力水，其对地下空间的开发无论是施工的危害还是维护的危害都较小。

潜水是埋藏在地表以下、稳定在水层之上，具有自由表面的重力水。潜水是工程中最常遇到也是无法避免的地下水，由于潜水无静水压头，与承压水相比，潜水对地下工程影响的发展程度相对较低。

承压水承受一定的静水压力，在施工过程中，降水措施、排水措施、防水措施都比较复杂，且建筑物底板还要承受较大的静水压力，同时地下空间对地下水的运动产生一定阻碍作用，甚至可能污染承压水脉，因此在承压水中开发地下空间适宜性较差。

2. 地下水补给与变化

当地下水补给能力强时，施工期间地下水控制难度会增加。维护期水位变动幅度和频率偏高，会对土层地基稳定性造成影响，水浮力的波动对地下空间结构不利。

地下水补给能力评估主要采用三个指标：一是单井涌水量，按照国家行业标准规定的井径井深等条件测得的一段时期内的平均涌水量；二是土层的渗透系数，其是衡量土壤接受补给能力的潜在指标；三是地下水的季节变化幅度，当地下水季节性变化幅度大时，其对地下空间影响产生周期性变化。

3. 地下水腐蚀性

地下水腐蚀性对地下空间的影响主要通过其对地下建筑的腐蚀作用来体现。具有较强腐蚀性的地下水，可以对钢筋混凝土产生比较强的腐蚀作用、降低建筑物构件的强度，进而影响结构的安全性和耐久性。地下水腐蚀分为三种类型：结晶性腐蚀、分解类腐蚀和结晶分解复合类腐蚀。按照影响程度划分腐蚀等级：无腐蚀性、弱腐蚀性、中腐蚀性、强腐蚀性等。

3.2.4 不良地质与地质灾害

地质运动形成褶皱、断层、节理等地质构造。岩土体在各种内外动力和地下水的作用下，产生动力地质现象，对工程建设条件造成不良影响。对地下空间开发影响比较大的不良地质现象主要有断裂带、活断层、地裂缝、岩溶、地面沉降、砂土液化、崩塌、滑坡、泥石流、海水入侵等。

1. 断层与地裂缝

根据断裂构造在第四纪内的活动情况，可以分为活动断裂和非活动断裂。

对活断层一般采用回避策略，严禁在地裂缝严重地区进行城市地下空间开发。

非活动断裂构造区域稳定性较好，对地下空间开发的影响相对较小。主要影响如下：一是工程环境的影响，包括水土流失、环境应力场改变、基础的腐蚀、工程施工安全和工程适用的健康等；二是弱化场地整体强度，其导致场地岩土体滑移或地基强度不足；三是在断裂带区域，通常岩石的完整性差，地下水发育，水文地质条件比较复杂，地下空间开发容易遇到塌方、涌水等问题。

2. 岩溶

岩溶即喀斯特，主要是碳酸盐类岩石地质构造地区受含有二氧化碳的流水溶蚀，在地下或地表形成空洞、塌陷、地下河、沉积等地质现象，其对地下空间开发和地面建设会造成较大危害。

3. 地面沉降

地面沉降是在自然和人为因素的作用下，地壳表层土体压缩而导致区域性地面标高降低的一种环境地质现象。地下水的超量开采、高层建筑物的高密度建设、地下空间的高强度开发、地下矿产资源的开采等会诱发地面沉降。

地面沉降具有生成缓慢、持续时间长、影响范围广、成因机制复杂和防治难度大的特点，是一种对城市规划建设、经济发展和人民生活构成威胁的地质灾害。

4. 砂土液化

液化是物质从固体状态转变为液体状态的现象和过程。砂土液化灾害直接影响城镇建设，是进行地震安全性评价、抗震设防、震害预测的重要环节。

砂土液化对地下空间的影响主要表现在：引起地面开裂、边坡滑移、喷水冒砂和地基不均匀沉降，从而导致地基失效，造成地下建筑物变形、错位和上部结构破坏。

5. 崩塌、滑坡及泥石流

崩塌和滑坡对地下空间开发的影响主要是易造成施工事故。一般情况下，在已查明的地质灾害点附近，存在崩塌、滑坡的危险，其危险性很大，不宜开发地下空间。如果无法避免，应加大地下工程的埋设深度并充分考虑到可能的崩塌、滑坡带来的危害，并进行合理的施工设计和地下工程出入口设计。在地下空间项目的规划选址时，应当尽可能避开该类地点。

3.2.5　生态敏感性要素

生态敏感性要素条件主要包括地形地貌、水体、绿地、自然保护区等地表生态环境的保护要求，地下水脉、地下水源等地下生态系统的保护要求，以及地下空间开发可能诱发地质灾害的地形地貌条件、不良地质与地下工程不利组合要素等。

1. 地表水体保护

地下空间的开发建设对邻近水域的生态环境有很大影响，其影响主要表现在水域与周边地下水的补给关系可能受到扰动甚至被切断。原则上，开发用地应尽可能远离水域，以免造成对水域生态系统的破坏和水体的污染。

2. 绿地保护

绿地地下空间开发对植被有一定的不利影响，具体表现为：阻碍植物根系的正常生长，使植物获取的水分和养料减少；切断了上下土层之间的水力联系，增加了旱季植物获取水分和养料的难度。

3. 风景区和自然保护区

城市内的风景区或自然保护区是城市的重要生态保护区，主要包括自然保护区、风景区、森林公园、湿地公园等。这些区域是城市规划的特殊地段。

4. 地下水敏感区

地下水敏感性指地下水系统对人类和自然的敏感性，可以分为固有敏感性和特殊敏感性两类。固有敏感性是在天然状态下地下水系统对污染和人类开发利用表现的内部固有敏感性；特殊敏感性是地下水对某一特定污染源或人类活动的脆弱性。

▶▶▶ 3.3　限制性要素逐项排除

地下空间开发利用会受到一些限制性和强迫性要素的影响，即存在极限条件的限制。通常采用逐项排除的方法对限制性要素进行处理。首先确定制约地下空间开发的限制性要素及其影响的空间范围，然后对该结果进行属性逆向转置，即可获得不同程度可开发利用的地下空间资源分布。具体方法是：在一定的平面和深度范围内，排除因不良地质条件而不宜开发地下空间的部分，排除地面空间已利用而地下空间不可再利用的部分，排除城市规划和生态保护禁止开发的部分以及规划特殊用地等，从而获得可开发的地下空间资源分布。计算水平净距、垂直净距等的限制条件，以水平净距的限制条件计算为主。

3.3.1　自然条件

针对城市地质灾害情况，将活断层及断裂带影响区、滑坡崩塌危险区，根据情况进行扣除，在未调查清楚之前全部扣除。

1. 地质断裂带

断裂带会给断层沿线的地下空间带来不稳定因素，在地下空间施工时断裂带会产生支护和防水的困难，容易引发地下建筑物的沉陷，易造成地下建筑倾斜断裂、产生严重的漏水问题。另外，断层的不断活动会给地下空间运行安全带来隐患及增加维护成本。因此，在规划地下空间开发的过程中，应对断层采取避让措施，无法避让的应采取垂直穿越，并提高建筑的承载力。

根据断裂带的活动情况来确定其是否适宜地下空间开发。广州市城市规划勘测设计研究院在《福州市城市总体规划（2011—2020）》中确定了断裂带的影响，如表3.2所示。

表3.2　断裂带影响分级

等级	一级（好）	二级（良）	三级（一般）	四级（差）
条件	断裂带两侧缓冲 2000m以外	断裂带两侧缓冲 500～2000m	断裂带两侧缓冲 100～500m	断裂带两侧缓冲 0～100m

2. 岩溶

岩溶是水对可溶性岩石（碳酸盐岩、石膏、岩盐等）进行以化学溶蚀作用为主，流水的冲蚀、潜蚀和崩塌等机械作用为辅的地质作用，以及由这些作用所产生的现象的总称。

岩溶影响地基的稳定性，表现为：溶洞顶板易坍塌，地基下沉；溶洞、溶槽、石芽、漏斗等岩溶形态造成基岩面起伏较大，地基不均匀下沉；同时，岩溶地区较复杂的水文地质条件易产生新的工程地质问题，造成地基恶化。

《地质灾害危险性评估规范》（DZ/T 0286—2015）给出了岩溶塌陷发育程度强的典型特征（中华人民共和国国土资源部，2015），包括：质纯厚层石灰岩为主，地下存在中大型溶洞、土洞或有地下暗河通过；地面多处下陷、开裂，塌陷严重；地表建（构）筑物变形开裂明显；上覆松散层厚度小于30m；地下水位变幅大。

3. 地裂缝高易发区、极易发区

地裂缝是地表岩、土体在自然或人为因素作用下，产生开裂，并在地面形成一定长度和宽度的裂缝的一种地质现象，当这种现象发生在有人类活动的地区时，便成为一种地质灾害。地裂缝的形成是在强烈地震时地下断层错动导致岩层发生位移或错动，并在地面上形成断裂，其走向和地下断裂带一致，规模大，常呈带状分布。

根据地裂缝的地表错距、活动速率等确定地裂缝的影响范围，包括上盘影响带宽度、下盘影响带宽度。

4. 采空区易发区

采空区是由人为挖掘或者天然地质运动在地表下面产生的"空洞"，采空区的存在使得矿山的安全生产面临很大的安全问题，人员与机械设备都可能掉入采空区内部受到伤害。

5. 地面沉降速率大于10mm/a的全部深度

根据《地质灾害危险性评估规范》（DZ/T 0286—2015）平均沉降速率大于10mm/a为中等或强发育程度（表3.3），地层在各种因素的作用下压密变形或下沉，从而引起区域性的地面标高下降。

表3.3　地面沉降发育程度分级表

因素	发育程度		
	强	中等	弱
近五年平均沉降速率/（mm/a）	≥30	10~30	≤10
累积沉降量/mm	≥800	300~800	≤300

注：上述两项因素满足一项即可，并按由强至弱顺序确定。

3.3.2　资源保护区

生态敏感性要素以地表水域为主，主要包括河流、湖泊和人工水体等，相关区域禁止地下空间开发，同时为落实《海绵城市建设技术指南——低影响开发雨水系统构建（试行）》相关要求，对规划范围内的生态隔离带与禁建区、绿地与广场用地内的地下空间开发利用进行严格管控。城市总体规划指出禁止建设区、生态隔离带是城市生态安全格局的重要内容。大型生态绿地（包括生态廊道、大型生态性公园、郊野公园、滨河公园、生态湿地等）应以生态建设为主，强调绿地的水涵养和水渗透功能，禁止一般地下空间的开发。以游憩、娱乐为主的公园绿地、广场等，应当合理控制地下空间开发，保证良好的渗水功能。

>>> 3.4 适宜性评价指标体系

城市地下空间承载力评价是一种总体性评价，根据地质条件等数据情况，选择具有代表性的可操作性指标，如土体工程性能指标进行评价，但土体的承载力、压缩模量等详细工程性指标获取困难，采集成本高，不适合作为地下空间总体评价指标。

3.4.1 构建的基本原则

1. 系统性原则

地下空间开发涉及的地质条件异常复杂，指标体系必须涵盖影响地下空间开发的主要因素，包括地形、土体、岩体、地下水等，否则将无法真实、全面地反映地下空间适宜性。

2. 可操作性原则

根据已有数据情况，选择具有可操作性的指标，暂时不考虑地下工程开发过程中涉及的具体性能指标，如在土体工程地质条件中，土的承载力标准值、压缩模量、黏聚力和内摩擦角等性能指标，获取困难，不具有可操作性。

3. 针对性原则

不同城市地下空间适宜性的主要影响因素差别显著，需要根据昆明市地质环境特点选择指标，并根据昆明市的具体数据进行指标评价及权重研究。

3.4.2 地下空间规划开发适宜性评价指标体系

首先对国内外地下空间适应性评价中用到的指标进行总结，形成一个适宜性采集指标体系；然后根据城市地质条件、数据现状等情况进行指标筛选，形成既可反映该市特点，同时又具有可操作性的评价指标体系，并考虑数据在未来的获取难度，进行适当扩展。

1. 地下空间规划开发适宜性采集指标体系

根据相关文献（曹轶和冯艳君，2013；梁晓辉，2011；柳昆等，2011），对城市地下空间规划开发适宜性指标进行总结，形成适宜性采集指标体系

（表3.4），为城市地下空间规划开发适宜性评价指标体系构建提供依据。

表3.4 地下空间规划开发适宜性采集指标体系

主题层（一级要素）	指标层（二级要素）
地形地貌	地面标高
	雨洪倒灌危险性
	历年雨洪淹没深度
	雨洪淹没设防等级
	地面坡度
	地貌单元
土体条件	土质性质（土质均匀性）
	承载力
	压缩模量
	黏聚力
	内摩擦角
	岩土类型和结构
	地层组合
	土壤厚度
	软土厚度
岩体条件	岩体基本质量分级
	岩石强度
	岩体完整程度
	岩体可挖性
水文地质	潜水埋深（地下水埋深）
	承压水头标高
	地下水腐蚀性（侵蚀性）
	含水层厚度
	地下水流向
	地下水层数
	地下水富水类型
	土体渗透性
不利地质因素	地震烈度
	活断层
	地裂缝
	岩溶
	崩塌滑坡
	地面沉降（累积沉降量）
	震陷/砂土液化

2. 地下空间规划开发适宜性评价指标体系

综合考虑现状数据和未来可进一步获得的数据，提出可以具体操作的地下空间规划开发适宜性评价指标体系（表3.5）。

表3.5 地下空间规划开发适宜性评价指标体系

主题层	指标层	主题层	指标层
地形条件	地形坡度	水文地质	地下水分布
土体条件	软土		水腐蚀性
岩层地质	基础地质	不良地质	地震风险等级
	工程地质		

3.4.3 指标评价方法

1. 地形条件

地形条件对地下空间布局、道路走向具有重要影响，对地下空间的开发方式和空间布局走向等也有十分重要的影响。在地形平坦区域，地下空间可采用垂直下挖方式施工，与地面空间采用垂直交通方式联系，如可采用明挖法，其施工难度不高，造价较低；在地形坡度为10%～30%的地区，可采用侧面挖掘的靠坡式地下空间形式，其适合丘陵山体较多的城市地区，如可采用矿山法、暗挖法等，其施工难度一般，但造价相对较高；当地形坡度较大时，宜采用矿山法开发地下空间，局部形成入口，内部岩土体形成洞室结构，要求内部空间必须有足够的岩土体支撑。

按照表3.6进行计算，坡度大但适宜特殊地下空间开发，可根据适宜性进行修正，按照最优取值计算。

表3.6 地形适宜性分级 （单位：%）

等级	适宜	较适宜	适宜差	不适宜
常用标准	<10	10～30	30～50	≥50
昆明市标准	<10	10～25	≥25	

2. 土体条件

地下空间开发过程中，土体的强度和稳定性条件主要关系到在该层土体中施工时地下空间成形的难易程度及对地表扰动变形影响的敏感程度。

土体条件评价需要综合考虑土体性质、软土厚度等参数，柳昆等（2011）

认为，软土厚度0m为适宜，0～1m为较适宜，1～2m为适宜差，大于2m为不适宜。

3. 岩层地质

对地下空间影响显著的地质条件为岩溶，岩溶的产生和发育破坏了岩体原有的完整性，降低了岩体本身的强度，增大了岩体透水性及含水性，往往会对工程建设造成许多不利影响甚至重大灾害。地下空间工程建设中容易导致涌水、突水和岩溶冒落。

4. 水文地质

1）地下水分布

地下水对地下空间开发影响包括两个方面：一方面，地下水制约着地下空间开发，地下水会造成地下建筑物的渗漏、浮起、下陷等安全问题；另一方面，地下空间建成后，地下水物理和化学等因素会在相当长的时间内围绕着地下构筑物，并逐渐达到重新平衡，必然会造成岩土体物性及力学性能的变化。地下水因素应根据土体重孔隙度、富水性等确定地下水等级（李芸等，2016）。

2）地下水腐蚀性

地下水存在酚、硝酸盐氮等污染，酚、硝酸盐氮等对地下空间设施具有一定腐蚀性，降低了地下空间规划开发适宜性等级。因此，可以根据是否存在地下水腐蚀进行地下空间规划开发适宜性评价，确定地下水腐蚀性等级。

5. 不良地质

不良地质主要考虑两个方面：一是地震风险等级，二是地质断裂带。地质断裂带已经在排除要素中考虑。

3.4.4　指标权重及适宜性评价

1. 层次分析法

层次分析法（AHP）是社会经济决策的有力工具，其在资源配置、政策制定、方案排序、解决冲突、性能评价等问题中得到普遍应用。层次分析法最重要的过程就是构造判断矩阵，判断矩阵的构造直接决定各影响因素的权重。一般情况下判断矩阵由专家咨询获得。

层次分析法是结合定性与定量方法的多标准决策方法，是由美国著名运筹学家匹兹堡大学教授T. L. Saaty提出的。该方法在深入分析复杂决策问题的性质、影响因素和内部关系后，将决策问题的相关要素分解为目标、标准、指标等层面，构建层次结构模型，用比较少的定量数据通过数学方法处理决策，客观地量化人们的主观判断，然后在此基础上进行定性分析和定量分析。这为解决具有多目标、多标准或非结构特征的复杂决策问题提供了一种简单的方法。当人的主观判断起到决定性作用且很难准确地测量、计算决策结果时，比较适合采用这种方法。

层次分析法做决策的第一步就是根据所要达到的目标和问题本身的性质将问题分层，将目标分成不同层次、更细化的指标，并依据相互之间的并列关系、从属关系进行分层和组合，构建多层次分析模型。多层次分析模型可看成是指标层（最底层）相对于目标层（最高层）的相对重要性的确定。简单地说，就是每一层的每一个指标相对于上一层的第一个指标的权重，相对于第二个指标的权重……以此类推，得到每一层相对于上一层次的权重，再对每一个上一层的权重加权求和，得到最底层指标相对于最终目标的权重。层次分析法为了量化比较判断，引入1～9标度法，并以判断矩阵的形式呈现各个指标间的相对重要程度。由判断矩阵计算得到特征根和特征向量，特征向量即对应指标相对于某指标的权重。综上所述，最低层要素相对于最高层的相对重要性权重或相对优势序列的排名值可以自上而下计算。

综上所述，层次分析法大体分为6个步骤，即明确问题；建立层次结构；所有元素两两相互比较，构造判断矩阵，求解权向量；一致性检验；层次单排序；建立计算公式并做出相应决策。现对上述步骤总结如下：

1）明确问题

通过对评价体系的深入调查和仔细研究，明确目标，大量收集相关资料，分析影响目标决策结果的因素，确定问题所涉及的范围、参与决策的指标以及各种约束条件。

2）建立层次结构

层次分析法的核心部分即构建层次分析模型，这也是层次分析法最主要的特点。从最高层根据功能、直系目标、从属关系，将评估内容分为目标层、主题层、指标层若干层次，并以图或表的形式表明各因素之间的从属关系、并列关系。

3）所有元素两两相互比较，构造判断矩阵，求解权向量

判断矩阵里的每一个元素体现了人对各指标相对重要程度的判断，采用1～9及1/9～1的标度方法，如表3.7所示，n个元素得到的是两两判断矩阵$A=(A_{ij})\,n \times n$。判断矩阵不仅能提供各指标的权重排序，而且能实现从定性分析到定量分析的转换，可以在挖掘有利信息的同时正确认识事物的规律性，提供

科学依据和决策参考。

表3.7 判断矩阵标度及其含义

序号	重要性等级	A_{ij}
1	i元素与j元素同等重要	1
2	i元素比j元素稍重要	3
3	i元素比j元素明显重要	5
4	i元素比j元素强烈重要	7
5	i元素比j元素极端重要	9
6	i元素比j元素稍不重要	1/3
7	i元素比j元素明显不重要	1/5
8	i元素比j元素强烈不重要	1/7
9	i元素比j元素极端不重要	1/9

注：$A_{ij} = \{2, 4, 6, 8, 1/2, 1/4, 1/6, 1/8\}$ 表示重要性介于$A_{ij} = \{1, 3, 5, 7, 9, 1/3, 1/5, 1/7, 1/9\}$。

4）一致性检验

层次分析法需要尽量多的专家参与评价，构建判断矩阵，避免主观判断带来太大的偏差，但由于客观事物比较复杂、人与人之间对于事物的认识也不同，因此现实中所构造的判断矩阵在很多情况下不能满足一致性。一致性是指各个专家对比各指标重要性并做出判断，不应出现相互矛盾的现象，各判断应保证协调。专家自己判断构造的判断矩阵出现不一致的情况极易发生，确保每个判断之间都完全一致的可能性不是很大，尤其是参与评价的指标规模大的时候。但是，不一致的程度有轻有重，只要在一定的范围内，不超过规定的阈值便是可以接受的，认为这样的判断矩阵是满足一致性的。因此，在层次分析过程中利用除判断矩阵的最大特征根以外的其他特征根来衡量偏离一致性的程度：

$$CI = \frac{\lambda_{\max} - n}{n-1} \quad\quad (3.1)$$

CI值越小（接近于0），表明判断矩阵的满意一致性越好；CI值越大，表明判断矩阵越偏离满意一致性；当判断矩阵具有满意一致性时，CI=0，反之亦然。因此，CI=0，$\lambda_1 = \lambda_{\max} = n$，判断矩阵具有满意一致性。

其中，当矩阵A具有满意一致性时，$\lambda_{\max}$稍大于n，其余特征根也接近于0。因此，需要考虑"满意一致性"的度量指标。

在衡量满意一致性时，判断矩阵的阶数不同会致使判断的一致性误差不同，对于CI值的要求也不同，因此引入判断矩阵的平均随机一致性指标 RI 作为判断标准，见表3.8。

表3.8   平均随机一致性指标 RI 取值对应表

n	1	2	3	4	5	6	7	8	9	10	11	12
RI	0.00	0.00	0.58	0.90	1.12	1.24	1.32	1.41	1.45	1.49	1.52	1.54

随机一致性比率是判断矩阵的一致性指标 CI 与同阶平均随机一致性指标 RI 的比，记为 CR：

$$CR = \frac{CI}{RI} < 0.10 \tag{3.2}$$

当 CR < 0.10 时，即认定判断矩阵具有满意一致性。

5）层次单排序

由判断矩阵得到的本层次某指标与本层次其他指标相比较，对于上一层次某指标重要程度的权值就是层次单排序。换句话说，层次单排序就是某层次指标就上一层次某一指标而言的相对重要性。从数学运算的层面来看，层次单排序的问题其实就是求判断矩阵的最大特征根以及特征向量的问题，特征向量的元素就是各个指标的权重。一般情况下，对于最大特征值和所对应的特征向量的精度并没有很高的要求。这是因为判断矩阵自身的主观打分有相当的误差范围。另外，层次分析法的本质就是将各种指标按相对重要程度进行排序，其本身就具有一定的定性意义。层次分析法是最快、最有效计算判断矩阵最大特征根以及对应的特征向量的方法，其计算步骤如下。

计算判断矩阵每一行元素的乘积 M_i：

$$M_i = \prod_{j=1}^{n} a_{ij}, \quad i = 1, 2, \cdots, n \tag{3.3}$$

计算 M_i 的 n 次方根 $\overline{W_i}$：

$$\overline{W_i} = \sqrt[n]{M_i} \tag{3.4}$$

对向量 $\overline{W} = \left[\overline{W_1} + \overline{W_2} + \cdots + \overline{W_n} \right]^T$ 归一化处理：

$$W_i = \frac{\overline{W_i}}{\sum\limits_{j=1}^{n} \overline{W_j}} \tag{3.5}$$

则 $W = \left[\overline{W_1} + \overline{W_2} + \cdots + \overline{W_n} \right]^T$ 即所求的特征向量，也就是所需要的各指标的权重。

计算判断矩阵的最大特征根 λ_{max}：

$$\lambda_{max} = \sum_{i=1}^{n} \frac{AW_i}{nw_i} \tag{3.6}$$

式中，AW_i 为向量 AW 的第 i 个元素。

6）建立计算公式并做出相应决策

为了便于表达和计算，采用数学方法对评价单元内的数据进行量化和综合处理，具体用一个数值（综合指数）来表示评价单元的评分等级。各评价单元的每个主题都会得到相应的得分，为了评估评价单元的综合等级，本节将从综合价值、建设状态、容量三个方面构建评价模型，实现各评价单元开发潜力评价。其评价模型如下：

$$C_i = \sum_{j=1}^{n} A_{ij} W_{ij} \tag{3.7}$$

式中，C_i 为第 i 个评价单元的综合指数；A_{ij} 为第 i 个评价单元的第 j 个方面的得分；W_{ij} 为第 i 个评价单元的第 j 个方面的权重；n 为评价单元总数。

在计算得到各评价单元的综合得分的基础上，需进一步计算整个研究区的综合指数，计算方法如下：

$$C = \sum_{i=1}^{n} C_i \times \frac{S_i}{S} \tag{3.8}$$

式中，C 为城市地下空间开发潜力的综合指数；C_i 为第 i 个评价单元的综合指数；S_i 为第 i 个评价单元的面积；S 为总面积；n 为评价单元总数。

2. 指标权重分析

以昆明市为例，指标权重分析方法如下。

（1）主导因素。对城市地下空间开发最重要的地质要素是土体条件及岩层地质条件。岩层地质中有对地下空间危害最为显著的岩溶，而昆明市域是一个岩溶比较发育的地区（云南省第1水文工程地质大队，1990），因此，对于昆明市来说，岩溶对地下空间开发的影响最大。土体是地下空间开发的主要载体，地下空间开发大部分在土体中进行，昆明市存在湖相沉积软土、沼泽沉积、河滩沉积等多种软土，其对地下空间开发影响显著。总之，良好的岩层和土层是地下空间开发的主导因素。

（2）显著影响因素。尽管昆明市海拔较高，但滇池东北及东侧水系发育，地下水对昆明市地下空间的开发影响较为显著；工程地质涵盖了软土、基础地质等方面的成果，其主要应用于地面建筑，但对地下空间开发的影响依然显著。

（3）其他影响要素。昆明市水腐蚀属于酚、硝酸盐氮等较弱的腐蚀，可以通过防腐蚀技术处理减小其影响；地震风险等级整体较低，对地下空间开发的影响较小，低风险区、次风险区、高风险区之间的差别不显著；昆明市整体地形坡度较小，随着矿山法、暗挖法等地下空间开发技术的发展，地形坡度的影响将逐渐减小。

3. 指标权重专家咨询

依旧以昆明市为例，研究过程中咨询了地质、地下空间规划、地下工程等领域专家10人。咨询过程中首先对昆明市地质条件进行全面介绍，让各位专家对昆明市地质条件有一个全面、直观、深入的了解。然后，让专家分别给出各项指标权重，同时咨询昆明市当地地质专家，使指标权重具有权威性的同时，更加符合昆明市地质条件的实际情况。

从对地下空间规划开发适宜性影响出发，将各适宜性评价指标因子的重要性划分为：基础地质＞软土＞地下水分布＞工程地质＞地震风险等级＞水腐蚀性，构建判断矩阵。依据各指标的判断矩阵，利用式（3.3）～式（3.6）计算各因子权重，并利用式（3.1）和式（3.2）检验权重的合理性，详见表3.9和表3.10，并将各指标图层赋予的相应权重叠加，得到昆明市地下空间规划开发适宜性评价结果。

表3.9　地下空间规划开发适宜性评价判断矩阵

评价指标因子	软土	基础地质	工程地质	地下水分布	水腐蚀性	不良地质
软土	1	1/2	5	2	7	6
基础地质	2	1	4	3	9	5
工程地质	1/5	1/4	1	1/2	4	3
地下水分布	1/2	1/3	2	1	5	4
水腐蚀性	1/7	1/9	1/4	1/5	1	1/2
地震风险等级	1/6	1/5	1/3	1/4	2	1

表3.10　地下空间规划开发适宜性评价各指标权重表

目标层	主题层	权重	指标层	权重	权重总序
昆明市城市地下空间规划开发适宜性评价	土体条件	0.218	软土	1	0.218
	岩层地质	0.461	基础地质	0.668	0.308
			工程地质	0.334	0.154
	水文地质	0.218	地下水分布	0.748	0.163
			水腐蚀性	0.248	0.054
	不良地质	0.103	地震风险等级	1	0.103

4. 综合评价结果分级

为了直观地表达地下空间规划开发适宜性评价结果，对综合评价得分进行分级，分级标准见表3.11。

表 3.11　地下空间规划开发适宜性评价等级

综合价值评价等级	Ⅰ级（适宜）	Ⅱ级（较适宜）	Ⅲ级（较不适宜）	Ⅳ级（不适宜）	Ⅴ级（禁建）
综合评价得分	80～100	60～80	40～60	20～40	0～20

Ⅰ级适宜区域，地质条件相对较好，区域内基本无不良地质现象，工程上无须采用额外的防范措施，进行地下空间开发相对较为经济。

Ⅱ级较适宜区域，存在一定的不利因素，但不利因素不占据主导地位，通过简单的防范措施能够解决。

Ⅲ级较不适宜区域，存在较为明显的不利因素，如果进行地下空间开发，则需要采用较为复杂的防范措施，开发成本较高。

Ⅳ级不适宜区域，不利因素较多或某项主导不利因素难以处理，开发时需要采用成本很高的防范措施，开发成本很高，除非开发需求特别强烈，否则不建议开发。

Ⅴ级禁建区域，不利因素极易造成危害，一旦危害发生可能对地下空间设施造成破坏，因此，建议禁止开发地下空间，一些线状或网络状地下设施穿越此类区域时，需要进行详细论证，并采取足够的防范措施。

>>> 3.5　结果与讨论

本章详细分析了影响地下空间规划开发适宜性的主要因素，包括地形地貌条件、岩土类型与基础工程地质条件、地下水文地质条件、不良地质与地质灾害、生态敏感性要素等。本章对国内外地下空间规划开发适宜性评价所采用的指标及其评判标准进行总结，明确了地下空间规划开发适宜性评价涉及的所有指标；结合我国典型城市现有地质数据情况，充分考虑软土分布广、岩溶比较发育、水系发育等特点，通过理论分析、专家咨询、层次分析法等，给出了各项指标的评价依据及标准，并给出了建议性的评价指标权重。

现阶段地质数据有限，且大多数为宏观数据，容易导致评价结果准确性不足，仅能对地下空间适宜性进行宏观评价，因此急需不断补充完善软土厚度、软土性质等方面的具体数据。建议积极开展地质条件调查，不断完善相关数据，使得地下空间适宜性评价更加准确。

参 考 文 献

曹轶，冯艳君．2013．城市地下空间的价值模型——以福州市中心城区为例．城市规划学刊，
  （z1）：30-36．

黄玉田，张钦喜，孙加乐．1995．北京市中心区地下空间资源评价探讨．北京工业大学学报，
  21（2）：93-99．

李芸，杨秋萍，肖振国．2016．昆明盆地浅层地下水脆弱性评价．地下水，38（1）：53-55．

梁晓辉．2011．北京市大兴规划新城地下空间利用地质环境适宜性评价．北京：中国地质大学．

柳昆，彭建，彭芳乐．2011．地下空间资源开发利用适宜性评价模型．地下空间与工程学报，
  7（2）：219-231．

鲁晓婷．2015．坡地地形条件下地下空间开发研究．青岛：山东科技大学．

潘丽珍，李传斌，祝文君．2006．青岛市城市地下空间开发利用规划研究．地下空间与工程
  学报，2（z1）：1093-1099．

童林旭，祝文君．2009．城市地下空间资源评估与开发利用规划．北京：中国建筑工业出版社．

云南省第1水文工程地质大队．1990．昆明地区城市地质环境综合评价研究．全国地质资料馆，
  DOI:10.35080/n01.c.80393．

中华人民共和国国土资源部．2015．地质灾害危险性评价规范．北京：地质出版社．

祝文君．1992．北京旧城区浅层地下空间资源调查与利用研究．北京：清华大学．

第4章
城市地下空间规划开发社会经济价值评价

城市地下空间规划开发社会经济价值评价需要解决其为什么有价值、主要影响因素是什么、怎么进行评价等问题，因此，在明确地下空间开发价值形成原因的基础上，提炼社会经济价值的主要影响要素，并对相关要素进行量化，实现对社会经济价值的量化评估，服务于地下空间规划开发决策。

>>> 4.1 地下空间开发价值分析

4.1.1 基本概念

地下空间规划开发社会经济价值是地下空间开发利用创造的总效益与总成本的差值，体现了对地下空间资源开发利用创造的额外价值。从地下空间开发项目的角度来看，其价值是项目的净效益，即基于项目创造的总效益减去投入的总成本，因此净效益体现了对地下空间资源进行开发利用所创造的额外价值，即地下空间作为自然资源条件创造的土地价值增值。

国内外许多学者对地下空间开发效益（价值）问题开展了研究，彭芳乐（1990）利用模糊数学理论，提出地下空间开发综合效益模型，认为综合效益包括：战备效益、社会效益、经济效益、环境效益和国土效益等；姜踔和陈志龙（2003）提出城市地下空间开发社会、环境效益货币化计算模型；龙汉等（2004）针对地下步行交通提出了社会和环境效益货币化计算模型；杨新华（2006）针对地铁交通建设的社会和环境效益提出了定量化计算模型；罗周全等（2007）认为地下空间开发效益宜分为直接经济效益、环境效益、社会效益和防灾效益四个方面。

在城市规划设计时，需要从城市区域发展的角度考虑地下空间开发的社会经济价值，因此，从城市规划的宏观层面来看，地下空间开发社会经济价值需要从其开发所产生的社会效益、经济效益、环境效益、防灾效益等角度考虑。而这些效益需要通过地下空间开发促进城市土地利用优化、城市系统功能等来体现。最终，通过城市地下空间的开发提升城市运行效率，实现海绵城市、生态城市、宜居城市、安全城市等建设目标，实现城市的便捷、宜居、高效。

4.1.2　开发多重效益分析

地下空间作为城市空间整体的一部分，可以吸收和容纳相当一部分城市功能和城市活动，与地面上的功能活动相互协调与配合，使城市发展获得更大的活力与潜力。作为地面空间的替代和补充，地下空间资源是地下空间开发利用提供使用功能并创造使用价值和市场价值的前提和基础。

地下空间开发的意义体现为：①在不扩大或少扩大城市用地的前提下，实现城市空间的立体式拓展，从而提高土地的利用效率，节约土地资源；②缓解城市发展中的各种矛盾；③保护和改善城市生态环境；④建立完善的城市地下防灾空间体系，保障城市在发生自然和人为灾害时的安全；⑤实现城市的集约化发展和可持续发展，大幅度提高整个城市的生活质量。因此，地下空间开发利用相比单纯利用地面空间更为关注和追求所能创造和提供的额外的社会和经济效益，从而实现开发地下空间的综合效益和可持续发展的目标。

1. 社会效益

城市地下空间开发利用的社会效益十分明显。城镇化进程的加快引起了城市人口规模激增与城市基础设施相对落后的矛盾，这就要求城市不断更新改造基础设施，而地下空间往往是基础设施最好的收容空间，开发和利用地下空间资源，修建与城市发展相适应的地铁、综合管廊等基础设施，对城市的建设与发展有着重要意义，同时也可以促进城市的更新与发展。

2. 经济效益

地下空间的开发利用，一般来说，其一次性投资为地面相同面积工程建设的3～4倍，最高可达8～10倍，但是有些地下建筑，如地下粮库、冷冻库却比地面同样规模的造价节省30%～60%。地下空间开发的一次性投资高低应该具体分析。地下空间的经济性体现在与同类地上空间的比较上。城市空间的聚集度越高，地下空间开发价值越明显。当城市中心区接近一定程度时，地下空间开发成本将小于地上空间。

3. 环境效益

地下空间的开发利用可创造巨大的环境效益，对减少地面环境污染、美化城市环境有重要意义。在城市建筑中，将产生噪声、震动、尘埃的公用设施移入地下，可以减少地面环境污染。通过修建地下铁道和多功能地铁车站，建造地下工厂、仓库，把部分停车场、商业街等转入地下，可以不占或少占地面，腾出地表进行绿化，增加城市绿化面积，促进生活环境良好循环。将城市中有污染的、不雅观的建筑，如废物处理厂、垃圾焚化炉、高速铁路和能源储存中心等置于地下，不仅有益于美化城市环境，而且可以减少城市污染。

4. 防灾效益

地下建筑一般比同类地上建筑防御自然灾害的能力强，爆炸、火灾、风灾等对地下空间极少有影响甚至没有影响。在寒冷天气，地下空间不会有水管冻结和冻裂的问题；地下空间在地震条件下受地震的破坏作用要比地面建筑轻很多，地下30m的地震加速度仅是地表处的40%。此外，地下空间还能防御现代战争的侵袭，对核武器以及生化毒气的防护也是最有效的。

4.1.3　地下空间社会经济价值来源

地下空间利用系统和功能的组合构成地下空间资源价值形成的基础和来源，其是地下空间开发效益的具体体现，可以分为两个方面：一是对地面空间的替代和优化，通过地下空间开发增加城市容量，降低单位面积土地成本，改善地面生态环境；二是对城市系统功能的提升，通过立体化、分层次、封闭式集约利用城市空间，提高交通系统与基础设施系统的运行效率和安全性（图4.1）。

图4.1　地下空间价值来源

⟫⟫⟫ 4.2　社会经济价值影响要素分析

　　城市地下空间社会经济价值是综合价值的重要组成部分。影响地下空间社会经济价值的主要要素包括：城市空间区位、城市人口状况、城市交通系统、土地资源状况等。各类影响要素对地下空间社会经济价值的影响方式、影响程度各不相同。

4.2.1　城市空间区位

　　城市空间资源的价值与城市功能区的类型有着较强的关系。城市功能区的不同，对地下空间的需求强烈程度、规模大小、类型等各不相同。一般而言，处于城市中心、人流密度较高、人流流动大的区域（如商业中心、行政中心、旅游文化中心、重要交通枢纽、轨道交通沿线等），土地价值相对较高，且土地价值随着与这些区域的距离增加而降低。城市中心区、人流密度较大的区域，对地下空间资源的需求强烈，地下空间开发利用的经济效益也明显。距离中心区越近，地下空间开发利用的经济效益越大。根据伯吉斯同心圆模型（图4.2），主城核心区是城市的绝对区位，也是城市地租最高的区位。以主城核心区为圆心的土地地租波动范围呈同心圆形，从圆心向外逐渐衰减，并且离主城核心区较近的区域地租下降很快，而离主城核心区较远的区域地租平稳在较低水平。除主城核心区外，其他城市行政中心、其他商业区、文体旅游中心等也是空间集聚和地租较高的区域。

　　城市空间区位不仅影响地下空间开发价值，同时对地下空间开发类型也有重要影响。对于主城核心区，其建筑、人口密度大，对地下交通、地下商业街、地下综合体的开发需求相对较大；而对于其他城市行政中心，其对环境质量、城市风貌、公共空间的质量要求较高，对地下空间的需求以解决社会效益和环境效益为主，以地下交通、地下通道、地下广场、地下停车场等为主。对于城市中的一些大型的吸引点，如文体旅游中心等，其也是人流密集的场所，对地下空间带来的经济效益和环境效益的需求也较大，地下空间开发利用类型以地下交通、地下商业等为主。

　　不同城市空间区位地下空间开发需求和功能分析，见表4.1。

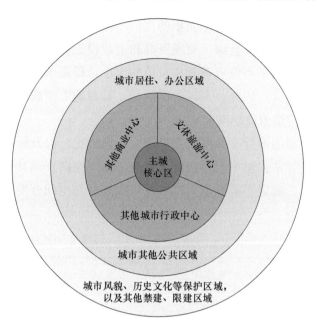

图4.2　伯吉斯同心圆模型

表4.1　不同城市空间区位地下空间开发需求和功能分析

空间区位	地下空间开发需求和功能
主城核心区	建筑密度大，人口高度聚集且规模庞大，对地下商业、地下轨道交通、地下人行通道、地下停车场、地下娱乐设施和市政设施等需求强烈
其他城市行政中心	以满足城市交通和城市环境条件为主，对地铁、地下人行通道、地下停车场、地下广场等的需求较大
其他商业中心	建筑密度较大，地面开发强度大，人流密集，对商业和交通的需求较大
文体旅游中心	人流密度大，以地下商业、饮食、服务等需求为主
城市居住、办公区域	相对私有和独立，以地下停车、地下仓储等需求为主
城市其他公共区域	地面开发强度一般或较小，人流密度较小，因此对地下空间的开发需求较小，以市政设施、防灾减灾工程等为主
城市风貌、历史文化等保护区域，以及其他禁建、限建区域	属于管控区域，一般不允许开发利用地下空间，故除特殊原因外，一般需求较小

4.2.2　城市人口状况

城市人口规模、人口组成结构、人口密度等对地下空间开发利用的类型、需求强度有不同的影响，其影响地下空间的开发价值。其中，城市人口密度是综合表征城市空间及其资源紧张程度的一个相对重要的指标。城市人口密度，即某区域内人口数量与区域土地面积的比值。区域人口密度的大小反映了单位土地面积上的人口对空间资源、交通资源和市政设施资源需求强度的强弱，而需求强度的强弱反映了单位资源开发价值的大小，即需求强度越大，资源开发利用的价值也就越大。因此，人口密度越大，其对地下空间的需求量越大，地下空间资源产生的价值就越高。

参考城市规划用地标准和城市人口密度指标情况，以及国内外其他城市人口密度分级方法，依据城市人口密度与对应的地下空间资源社会经济开发价值之间的影响关系，确定不同城市人口密度等级划分与空间开发需求的关系，见表4.2。

表4.2　城市人口密度等级划分与空间开发需求的关系

人口密度等级	人口密度/（万人/m²）	开发需求
极度稠密	>2.0	强烈
非常稠密	1.5～2.0	较强烈
稠密	1.0～1.5	不强烈
不稠密	0.5～1.0	较小
稀疏	<0.5	无需求

4.2.3　城市交通系统

交通状况是衡量一个城市运转效率和活力的重要指标。随着城市人口和车辆的不断增加，国内许多大城市逐渐陷入交通瘫痪、人流车流混杂、停车位紧张的尴尬境况。城市地下交通空间的开发是解决城市交通问题的重要途径，是城市交通立体化分流控制的重要手段和发展方向。与此同时，城市交通的发展，特别是轨道交通的发展，对周边地价和地下空间（管线）规划开发社会经济价值的影响非常显著。

按照城市交通特点的不同，可以将城市交通分为轨道交通、停车配建和道路交通运行状况三个指标。

1. 轨道交通

城市轨道交通主要包括城市地面交通系统和地下交通系统（地铁、地下道路）。从发达国家地下空间开发的经验看，城市地下空间开发大多是以地铁为主要发展轴，以地铁站点为发展源的点、线结合方式发展，并最终形成网络。可见，地铁对城市地下空间的开发价值起着决定性作用。

轨道交通是城市地下空间的发展轴，轨道交通线不仅连接地铁沿线车站，而且易与站点周边地区形成大型的地下综合体，产生地下空间的集聚和网络效应，大幅提升该区域的综合价值（陈志龙等，2015）。此外，地铁沿线增强了周边区域的经济活力，对商业用地和居住用地开发的吸引非常明显。

相关研究表明，轨道交通对地下空间开发利用需求强度的影响因素主要有两方面：一是轨道交通站点的客流量大小，二是轨道交通的可达性。

轨道交通站点的客流量大小与地下轨道交通车站规模大小呈正相关关系，另外客流量大小对地下商业规模有一定影响（刘俊，2009）。轨道交通站点客流量大，潜在的购物人群相对更多，从而更有利于建设靠近地铁站点的地下商业街、地下商场。

轨道交通的可达性表示城市居民利用某一交通系统从一个区域到达另一个区域进行活动的难易程度。轨道交通的可达性直接影响地下空间的开发利用模式。当地下空间开发区域的交通条件好、可达性高时，地下空间的开发需求大，开发利用社会经济价值高，地下空间开发利用趋于集中的模式；当交通条件不好、可达性低时，地下空间的开发需求小，开发利用社会经济价值低，地下空间开发利用呈分散的模式。

因此，地下空间开发需求强度受轨道交通站点客流量和可达性的综合影响。为定量表达轨道交通客流量的影响，以轨道交通站点（含沿线）的类型来表示客流量的大小（表4.3）。

表4.3　轨道交通站点等级对地下空间开发的影响分析

站点等级	站点类型	影响分析
一级	三条线地铁换乘站	立体化开发需求最强烈，是形成城市地下综合体和地下城的主要潜力区域
二级	两条线地铁换乘站	立体化开发强烈，容易形成地下综合体和地下街等
三级	交通枢纽及地铁与地面交通换乘站	地下空间开发可以缓解交通压力，人车分流
四级	普通地铁站	具有快速汇聚和疏散人流的作用
五级	非交通站点	不具有开发地下空间的优势

2. 停车配建

随着社会经济的迅速发展，我国各城市机动车保有量持续增加，停车需求与日俱增。目前，我国城市停车配建指标主要参考1989年出台的《停车场规划设计规则》（试行），并结合城市特点制定相适宜的停车配建标准，如《北京地区建设工程规划设计通则》（2003版）、《建筑工程交通设计及停车库（场）

设置标准》(DGJ 08-7—2006)、《天津市建设项目配建停车场(库)标准》(DBT 29-6—2010)、《昆明市城乡规划管理技术规定》(2012版征求意见稿)等,为各城市建筑停车配建提供指导。

地上停车不仅会占据大量的城市土地面积,减少动态交通的可用比例,无序杂乱的停车还会产生安全隐患等一系列社会问题,地下空间的开发无疑能够有效地解决这一问题。城市停车配建问题越严重,地下空间开发对其改善作用越大,地下空间资源开发产生的价值越高。根据国外城市发展经验,配建式地下停车场是解决城市停车的主要方式。目前,国内城市配建式地下停车比例(张平和陈志龙,2011)见表4.4。

表4.4　国内城市配建式地下停车比例　　　　　　　　　(单位:%)

城市		中心城市	外围
北京		80	40
上海		85	40
南京		80	40
青岛		80	40
无锡		80	20
杭州		85	30
深圳	特区内	90~100	30~50
	特区外	80~90	

随着机动车数量的增长,各城市对停车配建的需求越来越大。根据城市用地功能的不同,对地下停车需求进行分级(表4.5)。

表4.5　城市不同用地功能配建式地下停车需求比例分级

需求等级	地下停车需求特征	地下停车需求比例/%
一级	以商务办公用地、一类居住用地、一类行政办公用地为主	90~100
二级	以二类居住用地、二类行政办公用地、商业用地为主	80~90
三级	以商业、居住、行政办公功能为主	70~80
四级	以公共设施、物流基地、产业园功能为主	60~70

3. 道路交通运行状况

道路交通运行指数是对路网交通总体运行状况进行定量化评估的综合性指标。道路交通运行指数在一定程度上反映了道路的运行状况,道路交通运行指数越高,道路越拥堵。道路交通运行指数在国内外已经有成功应用的案例。例如,美国每年发布《美国城市道路畅通性评价报告》,选择交通拥堵指数等指标,定期评估道路的运行状况并将其向公众发布。随着我国交通信息化的不断推进，北京、上海、深圳等城市研究了不同定义、不同算法的道路交通运行指数（表4.6）。道路交通运行指数在不同城市的含义不同，一般是根据城市特点进行设置，通常考虑道路饱和度、拥堵路段里程比例、行程时间比等指标。例如，深圳市道路交通运行指数采用出行时间的概念，通过大量调查和问询标定参数，建立拥堵等级划分标准和计算模型。

表4.6　不同道路交通运行指数定义比较

国家或城市	定义方法	国家或城市	定义方法
美国	流量	北京	拥堵路段里程比例
上海	车速、负荷度	深圳	行程时间比

一般情况下，道路交通运行指数按照出行时间进行定义，其取值范围为0~10，分为五级。其中，0~2、2~4、4~6、6~8、8~10分别对应畅通、基本畅通、轻度拥堵、中度拥堵、严重拥堵五个级别，数值越高表明交通拥堵状况越严重（表4.7）。

表4.7　道路交通运行指数和出行关系表

道路交通运行指数	级别	对应路况	出行时间
0~2	畅通	良好，基本没有道路拥堵	可以按道路限速标准行驶
2~4	基本畅通	较好，少量道路拥堵	比畅通时多耗时20%~50%
4~6	轻度拥堵	较差，部分环路、主干路拥堵	比畅通时多耗时50%~80%
6~8	中度拥堵	差，大量环路、主干路拥堵	比畅通时多耗时80%至1.1倍
8~10	严重拥堵	很差，全市大部分道路拥堵	比畅通时多耗时1.1倍以上

4.2.4　土地资源状况

在城市土地资源方面，对地下空间的影响要素主要为基准地价、土地开发强度、用地类型等。

1. 基准地价

基准地价是城市规划区范围内，对现状利用条件下不同等级或不同均质地域的土地，按照商业、居住、工业、办公等用途，分别评估确定的某一日期法定最高年限土地使用权的区域平均价格。基准地价反映土地利用所能产生的经济价值和成本。地下空间开发的价值之一就是对城市土地资源的延伸和拓展，地下空间对土地空间的增容作用和集聚效应，使得土地资源的单位成本投入相对降低，单位产出相对提高。

基准地价越高，土地综合质量越大，创造的经济收益越大。研究表明，地下空间资源开发所能创造的土地价值增量与节省的土地资源当量和地价呈正相关关系，即地价越高，地下空间开发的社会经济价值就越高。

$$V = C \times P \tag{4.1}$$

式中，V为地下空间资源开发产生的社会经济土地价值增量；C为地下空间开发产生的土地资源当量；P为土地价格。

因此，地下空间资源扩大土地资源容量的贡献与资源开发的土地当量及地价在理论上成正比，即当保持一定的地下空间开发土地当量时，地价越高，地下空间创造附加值的可能性就越大。因此，基准地价在一定程度上反映地下空间资源的社会经济开发价值。

不同地区基准地价差别很大，并且随着经济的发展，基准地价也不断调整，因此在实际的地下空间资源的经济价值评价中，可参考整个评估区域基准地价的最大值和最小值，把基准地价等分为评估模型确定的若干区间，每个区间对应相应的地下空间资源价值等级排序。

2. 土地开发强度

随着城市的发展，城市兴建了大量的建筑物和构筑物，地面建筑密度越来越大，建筑楼层越来越高，地面开发强度增大，城市地上资源日益紧张，导致城市环境恶化（夏丽萍，2008）。城市地面开发强度越大，就越需要开发利用地下空间资源来弥补地面空间不足，因而对地下空间资源开发利用的需求也就越强烈。

地面建筑容积率、地面建筑密度等指标都能够反映土地的开发强度，其中建筑容积率是目前世界上大部分城市作为开发强度控制的主要指标。建筑容积率是建筑使用面积与居住用地面积的比值。

据资料调研，国内外一些城市对土地开发强度进行了分区，并做出了相关规定。美国各城市制订的区划条例是开发强度控制的法定依据，开发强度控制的方式是通过土地用途分区，来规定各类用途土地的容积率指标。日本城市开发强度控制除了土地使用分区作为基本区划外，还有各种特别区划（如高度控制区、历史保护区等）。新加坡和中国香港、上海等对用地开发强度进行了要求，并划分了相应的土地开发强度等级。

上海市根据用地类型（住宅用地、商业用地）的不同，将中心城区及其拓展区开发强度划分为五个等级，建筑容积率一般为1.0～4.0。上海市中心城区及其拓展区开发强度分区管制的容积率控制区间见表4.8。

表4.8　上海市中心城区及其拓展区开发强度分区管制的容积率

用地类型		一级强度	二级强度	三级强度	四级强度	五级强度
住宅用地	基本强度	1.0~1.2	1.2~1.6	1.6~2.0	2.0~2.5	2.5
	特定强度	—	—	≤2.5	≤3.0	>3.0
商业用地	基本强度	1.0~2.0	2.0~2.5	2.5~3.0	3.0~3.5	3.5~4.0
	特定强度	—	—	≤4.0	≤5.0	>5.0

3. 用地类型

城市土地开发利用类型（以下简称"用地类型"）的空间和占比的合理规划是城市健康发展的重要保障。在制定城市发展规划时，应根据城市发展的需要对用地类型做出具体的规定。不同的用地类型，对地下空间开发利用的需求强度和类型，以及产生的经济、社会效益各不相同。

按城市用地类型的不同可以将城市用地分为居住用地、行政办公用地、道路用地、商业用地、工业用地等。居住用地以改善居民的居住条件为主。居住区内的地下空间开发利用以服务居民生活的配套设施为主，如地下停车库、变电站、高压水泵、垃圾回收站等。将部分设施地下化，可节省地面空间，使地面空间更多地用于绿化、广场、道路，从而改善居住区的生活环境质量。行政办公用地的需求以改善办公区环境为主，其对建设地下停车场、地下通道的需求较大，通过建设地下停车场可缓解地面交通压力，满足停车需求，改善地面环境。城市道路下的地下空间是优先开发的区域，以城市轨道交通、地下管线为主。城市道路下的浅层空间是市政管线、综合管廊的主要容纳空间，次浅层空间是地下轨道交通、大型市政管线的主要容纳空间。商业用地区域人流密度大、交通量大、地价较高，能够满足地下空间开发需求，带来较好的经济、社会和环境效益。商业用地开发以商业以及结合商业的文娱、交通枢纽等地下综合体为主等。不同用地类型对应的地下空间开发利用价值划分等级见表4.9。

表4.9　不同用地类型对应的地下空间开发利用价值划分等级

用地等级	用地类型	地下空间开发利用价值
一级	行政办公用地、商业金融业用地、文化娱乐休闲中心用地	总体为优
二级	对外交通用地、道路广场用地、公共绿地	商业价值、社会效益、环境效益价高，总体为良

续表

用地等级	用地类型	地下空间开发利用价值
三级	高密度居住用地、市政公用设施用地、文教体卫用地	商业价值一般，社会和环境效益较高，总体为良
四级	低密度居住用地	需求量较低，总体为一般
	特殊用地、工业用地、仓储用地	以自用为主，满足功能或生产特殊需求，总体为一般
	生产防护绿地、林地/山体、陆域水面	商业价值较低，环境效益较高，总体为一般
五级	生态绿地、独立工矿用地、中心镇用地	各类价值很难实现，总体为较差

⟫⟫⟫ 4.3 地下空间社会经济价值评价模型

4.3.1 体系构建原则

1. 科学性

遵循自然科学规律，采取系统科学研究方法，分析影响地下空间社会经济价值的各类要素及其对地下空间社会经济价值的影响方式和影响程度，甄选地下空间社会经济价值主要评价指标及适用的价值评价模型，客观真实地反映地下空间的社会经济价值。

2. 全面性

从社会经济角度出发，分析影响地下空间资源开发的社会和经济要素，综合考虑并确定影响地下空间社会经济价值的各项评价指标，并以此为基础，建立系统全面的地下空间社会经济价值评价指标体系。

3. 可操作性

在综合考虑评价指标重要程度的基础上，根据地下空间评价数据的可获得性和价值评价的可操作性，适度调整和优化评价指标项及相关参数，以满足实际数据获取和系统评价功能实现的客观需求。

4.3.2 评价指标体系

通过对地下空间开发社会经济价值影响因素的分析，采用层次分析法，建立地下空间开发社会经济价值评价指标体系，见表4.10。

表 4.10　地下空间开发社会经济价值评价指标体系

目标层	主题层	指标层
	空间区位	空间区位
	人口状况	人口密度
		轨道交通
社会经济价值评价	交通状况	停车配建
		道路交通运行情况
		基准地价
	土地资源状况	土地开发强度
		用地类型

4.3.3　评价模型

根据地下空间开发社会经济价值评价指标，采用分层加权平均法，分两层级进行分值加权，评价模型计算公式为

$$S_e = \sum_{i=1}^{n} w_i r_i \qquad (4.2)$$

式中，S_e 为地下空间开发社会经济价值评价值；r_i 为主题层评价值；w_i 为主题层权重。

主题层评价模型计算公式为

$$r_i = \sum_{j=1}^{m} u_{ij} \cdot w_{ij} \qquad (4.3)$$

式中，u_{ij} 为第 i 个主题层下属的第 j 个指标；w_{ij} 为第 i 个主题层编号为 j 的指标权重。

各因子权重确定。采用群体判断矩阵的最优传递矩阵进行权重计算，其原理是：设参加咨询的判断决策者共 m 人，他们给出的判断矩阵分别为：A_1，A_2，$\cdots$，A_m；设 $B = (b_{ij})_{n \times n}$ 为反对称矩阵，若满足 $b_{ij} = b_{ik} + b_{kj}$，$\forall i, j, k \in \{1, 2, \cdots, n\}$，则称 B 为传递矩阵；设 $B_l = [b_{ij}^{(l)}]_{n \times n}$ 为反对称矩阵，$l \in \{1, 2, \cdots, m\}$，若存在传递矩阵 $C = (c_{ij})_{n \times n}$，$\sum_{i=1}^{n} \sum_{j=1}^{n} \sum_{l=1}^{m} \left[c_{ij} - b_{ij}^{(l)} \right]^2$ 最小，则称 C 为 B_1，B_2，$\cdots$，B_m 的最优传递矩阵。

最优传递矩阵的求法如下：

通过对 $J = \sum_{i=1}^{n} \sum_{j=1}^{n} \sum_{l=1}^{m} \left[c_{ij} - b_{ij}^{(l)} \right]^2$ 求导，计算整理后其最终的表达形式为

$$c_{ij} = \frac{1}{mn} \sum_{k=1}^{n} \sum_{i=1}^{m} \left[\ln a_{ik}^{(i)} - \ln a_{jk}^{(i)} \right] \qquad (4.4)$$

最终求得最优传递矩阵为

$$A^* = \exp\,(\,C\,) = (\,e^{c_{ij}}\,)_{\,n \times n} \tag{4.5}$$

式中，A^* 为一个一致矩阵，故可用列和求逆法得出其权向量的精确解，见式（4.6）：

$$W^* = \left(\frac{1}{\displaystyle\sum_{i=1}^{n} a_{i1}^*}, \frac{1}{\displaystyle\sum_{i=1}^{n} a_{i2}^*}, \cdots, \frac{1}{\displaystyle\sum_{i=1}^{n} a_{in}^*} \right)^{\mathrm{T}} \tag{4.6}$$

所求向量就是最优传递矩阵的排序权值。

$$W^* = \left(\frac{1}{A_1^*}, \frac{1}{A_2^*}, \cdots, \frac{1}{A_n^*} \right)^{\mathrm{T}} \tag{4.7}$$

式中，W^* 为最优传递矩阵权向量；A_i^* 为最优传递矩阵第 i 列元素之和（$i=1, 2, \cdots, n$）。

通过专家打分法，提取各专家反馈的打分表，建立判断矩阵，采用式（4.6）、式（4.7）对各群体判断矩阵进行优化计算，最终确定各指标的权重。各指标的权重见表4.11。

表4.11 地下空间开发社会经济价值评价指标体系权重总序

目标层	主题层	权重	指标层	权重	权重总序
社会经济价值评价	空间区位	0.1852	空间区位	1	0.1852
	人口状况	0.1538	人口密度	1	0.1583
	交通状况	0.3305	轨道交通	0.4237	0.1400
			停车配建	0.2587	0.0855
			道路交通运行情况	0.3176	0.1050
	土地资源状况	0.3304	基准地价	0.4978	0.1515
			土地开发强度	0.2489	0.0822
			用地类型	0.2533	0.0967

4.3.4 指标数据处理及评价

根据社会经济价值各类数据的特点，包括点、面、点-线结合、点-面结合、线-面结合等种类，进行数据处理及评价。

1. 空间区位

参考童林旭和祝文君（2009）对空间区位与开发价值之间的关系，结合

《昆明市城市总体规划（2011—2020）》，将地下空间资源开发社会经济价值划分为城市中心、片区中心、城市发展片区和城市一般区域4个等级。

2. 人口密度

参考城市规划用地标准和城市人口密度指标情况，以及国内外其他城市人口密度分级方法，依据城市人口密度与对应的地下空间资源社会经济开发价值之间的影响关系，确定不同人口密度区间的地下空间开发社会经济价值等级。

3. 轨道交通

根据国内外先进城市地下空间开发经验，轨道交通站点与周边500m半径范围内的基准地价和地下空间价值有一定相关性。在距离轨道交通站点200m以内为高强度开发区域，200～500m为中强度开发区域，500m以上为低强度开发区域。当开发区域与站点距离大于1000m时，轨道交通对地下空间价值的影响大大降低。

4. 停车配建

随着城市机动车拥有量的增加，地面停车配建难以满足停车需求，地下停车配建成为解决地面空间不足的有效途径。不同区域因功能不同对停车配建的需求程度也不同，一般商务区、一类居住区、一类行政办公区对停车配建需求比较高，其对地下空间的需求就比较高，地下空间开发的价值也相对比较高（张平和陈志龙，2011）。

5. 道路交通运行情况

道路交通运行存在拥堵情况，根据实时路况图，将拥堵情况分为四级：严重拥堵、拥堵、缓行和基本畅通。道路越拥堵，拥堵延迟指数越高。

6. 基准地价

根据《城镇土地分等定级规程》（GB/T 18507—2014）给出的城镇土地综合质量分等定级方法和标准，以及《城镇土地估价规程》（GB/T 18508—2014）给出的基准地价评估方法，将城镇用地分为商业用地、居住用地、工业用地和公共建筑用地四大类区域，根据不同区域的基准地价等级，确定对应的地下空间开发社会经济价值等级。

7. 土地开发强度

万汉斌（2013）提出将地面建设容积率分为三个等级，即低密度，低于0.75；中密度，0.75～1.6；高密度，高于1.6。

8. 用地类型

童林旭和祝文君（2009）根据用地类型对地下空间资源需求及价值的影

响，将地下空间资源开发社会经济价值分为五级，见表4.12。

表4.12　不同用地类型对应的社会经济价值等级

等级	用地类型	分值
Ⅰ级	行政办公用地、商业服务业设施用地、文化设施用地、娱乐康体用地	100
Ⅱ级	道路与交通设施用地、公园绿地、广场用地	80
Ⅲ级	居住用地、教育科研用地、医疗卫生用地、体育用地	60
Ⅳ级	仓储物流用地、工业用地	40
Ⅴ级	水域、湿地公园、防护用地、特殊用地等	0

4.3.5　社会经济价值综合评价标准

采用专家打分法对各个指标进行打分，然后利用式（4.2）和式（4.3）进行计算，最终得出地下空间资源开发价值的评价值，再根据表4.13确定评价等级。

表4.13　地下空间社会经济价值评价等级

综合价值	评价标准				
等级	Ⅰ级	Ⅱ级	Ⅲ级	Ⅳ级	Ⅴ级
评分	80~100	60~80	40~60	20~40	0~20

注：Ⅰ级代表地下空间资源开发价值高；Ⅱ级代表地下空间资源开发价值较高；Ⅲ级代表地下空间资源开发价值中等；Ⅳ级代表地下空间资源开发价值较低；Ⅴ级代表地下空间资源开发价值低。

⋙　4.4　结果与讨论

本章通过对国内外地下空间开发社会经济价值所采用的指标及评价标准进行整理与分析，并结合地下空间开发需求、自然条件适宜性、社会经济发展情况以及对环境、安全的需求情况，确定了影响地下空间开发社会经济价值的指标；从注重城市基础设施优化的角度，提出了地下空间社会经济价值评价模型；结合现有数据，通过理论分析和专家咨询相结合的方法，确定了各项指标评价标准，并给出了建议性评价指标权重。

地下空间社会经济价值的评价主要对现状数据进行分析，侧重于评价现阶段不同区域社会经济价值的高低。社会经济价值的评价是为了更好地了解地下空间的开发趋势和方向，建议提供城市未来规划人口数量、交通规划等未来数据，量化各区域社会经济价值，为未来地下空间的开发提供更合理的建议。

参 考 文 献

陈志龙, 张平, 龚华东. 2015. 非交通站点城市地下空间资源评估与需求预测. 南京: 东南大学出版社.

姜弈, 陈志龙. 2003. 城市地下交通建设项目社会效益和环境效益货币化方法研究. 岩石力学与工程学报, (S1): 2434-2437.

刘俊. 2009. 城市地下空间需求预测方法及指标相关性实证研究. 北京: 清华大学.

龙汉, 陈志龙, 姜弈. 2004. 地下步行通道的社会效益和环境效益计算方法. 地下空间, (2): 256-259.

罗周全, 刘望平, 刘晓明, 等. 2007. 城市地下空间开发效益分析. 地下空间与工程学报, (1): 5-8.

彭芳乐. 1990. 城市地下空间预测、决策与效益评价研究. 上海: 同济大学.

童林旭, 祝文君. 2009. 城市地下空间资源评估与开发利用规划. 北京: 中国建筑工业出版社.

万汉斌. 2013. 城市高密度地区地下空间开发策略研究. 天津: 天津大学.

夏丽萍. 2008. 上海市中心城开发强度分区研究. 城市规划学刊, (z1): 268-271.

杨新华. 2006. 城市轨道交通项目直接经济效益评估与实证研究. 交通科技与经济, (1): 100-102.

张平, 陈志龙. 2011. 城市地下停车需求比例规划研究——以深圳地下停车场为例. 地下空间与工程学报, 7 (1): 9-16.

第5章
地下空间规划开发承载力

>>> ## 5.1　概述

在获得地下空间资源适宜性和社会经济价值评价的等级成果后，根据资源评价体系和目标的要求，估算和统计可供有效利用的地下空间容量，提供地下空间资源潜力的定量数据，从而为地下空间资源开发利用规划和战略研究提供参考。评价城市地下空间开发利用容量，可以更加科学合理地反映和度量城市地下空间供人类开发利用的前景，进而引导城市布局、指导城市建设和长远规划。

5.1.1　基本概念

承载力研究起源于生态学研究，1921年帕克、伯吉斯在有关人类生态学杂志中提出了承载力的概念，即某一特定环境条件下（主要指生存空间、营养物质、阳光等生态因子的组合）某种个体存在数量的最高极限，后来被用于可持续发展，倾向于在不损害环境的条件下，地球可长期承载的人口规模。例如，土地资源承载力被定义为：在一定生产条件下，土地资源的生产能力和一定生活水平下所承载的人口极限。水环境承载力是指某一城市在某一时期内、某种状态下的水环境条件对该区域的经济发展和生活需求的承载能力，是该区域水环境系统结构性的一种抽象表示方法，它具有时空分布上的不均衡性、客观性、变动性和可调性的特征（聂佳梅，2006）。

在地下空间方面，还没有学者对其承载力做出定义。结合其他领域承载力方面的研究及地下空间规划开发工作需求，将地下空间规划开发承载力定义为在城市自然条件、社会经济条件、技术条件约束下，地下空间开发的综合价值水平及其相应容量，即在现有条件下地下空间所能够承载的社会功能。

地下空间规划开发承载力可以分为现状承载力和规划开发承载力，其中，已建设或已规划为某种社会功能的地下空间容量，称为现状承载力，未来可以为城市发展提供某种社会功能的地下空间容量，称为规划开发承载力。

地下空间容量采用地下空间资源所占用的空间体积或折算成相应的建筑面积来进行度量。

根据自然与人文条件的制约程度和层次，地下空间容量由几个不同层次的基本概念和内容组成，按照容量内涵和级别从大到小依次为：天然蕴藏量、可合理开发利用的资源量、可有效利用的资源量、实际开发利用资源量。图5.1给出了资源量几个基本概念组成结构的层次关系示意图。

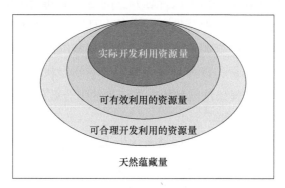

图5.1　各层次地下空间资源量关系图

1. 天然蕴藏量

地下空间资源的可用范围都在地球表面的岩石圈内。岩石圈表面风化为土壤，形成不同厚度的土层，基岩层或被土层覆盖或裸露，岩层和土层在自然状态下都是实体，在外部作用下形成可用的空间，如天然溶洞等。因此，城市地下空间资源的天然蕴藏量就是城市规划地表以下一定深度范围内的全部自然空间总体积，其中包含已经开发利用的资源和尚未开发利用的资源，又可分为可开发利用的部分和不可开发利用的部分。

2. 可合理开发利用的资源量与可有效利用的资源量

《地下建筑学》（童林旭，2012）提出，地下空间资源包括三个含义：一是天然存在的资源蕴藏量；二是在一定技术条件和地质条件的限制下可供合理开发的资源量；三是在一定历史时期内可供有效利用的资源量。这三个含义针对的约束条件不同，在统计方法上也有所区别。其中，第二个定义强调技术条件与自然条件综合作用的效果，第三个定义强调了地下空间资源允许开发的可能范围，这一组含义体系为描述和度量地下空间资源潜力提供了认识基础。但是在地下空间资源量评估的过程中发现，在对地下空间资源的开发利用范围进行调查分析时，往往需要首先确定资源的可用范围，然后在可用范围内进一步分析地下空间资源的开发难度和价值等问题，最终求得地下空间资源可有效开发利用的容量。因此，童林旭和祝文君（2009）对上述定义进行了稍许调整。

可合理开发利用的资源量：在地下空间资源的天然蕴藏区域内，排除不良地质条件分布范围和地质灾害危险区、生态及自然资源保护禁建区、文物与建筑保护范围和规划特殊用地等空间区域后，剩余的潜在可开发利用的地下空间范围和体积。

可有效利用的资源量：在可供合理开发的地下空间资源范围内，在一定技术条件下满足地质稳定性，保持地下空间的合理距离形态和密度，能够开发利用的资源。可有效利用的资源量实际上就是规划范围内城市地下空间资源可供开发利用的最大理论容量，该容量并无确定的空间形状和大小，具体数值和形态取决于技术条件、工程条件与利用方式三种的组合效应。

3. 实际开发利用资源量

实际开发利用资源量是指根据城市的生态环境保护、发展需求、城市总体规划，确定的实际或已开发利用的地下空间资源量。

根据上述定义，城市地下空间资源系统的组成结构见表5.1。

表5.1 城市地下空间资源系统的组成结构

资源总量	利用状态	可用性	有效利用程度及组成
地下空间资源天然蕴藏总量	已利用资源	已利用资源	已有效利用资源
			已利用资源的保护范围
	未利用资源	潜在的可用资源	潜在的可供有效利用的资源
			可用资源的保护范围
			不良地质危险区
		不可用资源	生态保护禁建区
			文物与建筑保护区
			特殊用地范围

城市地下空间开发利用资源量是指在当前科技水平和城市发展阶段满足人地协调的前提下，具有一定的灾害抵抗能力，在城市地下某一深度范围可供开发并承载某些城市功能的地下空间总量（刘宁，2008）。这是一个受地面、地下多种因素综合影响的系统量，其评价过程必然是一个地下、地面空间信息综合集成和系统分析的复杂过程。

5.1.2 研究框架

借鉴霍尔的三维结构模式,从三个维度对城市地下空间规划开发承载力进行界定:一是价值维度,结合地下空间规划开发适宜性、社会经济价值的评价结果,给出不同区域的价值等级;二是状态维度,可以将地下空间划分为已开发、已规划、未规划等状态;三是容量维度,即不同概念下的容量计算,包括可合理开发利用的资源量、可有效利用的资源量等。根据上述三个维度建立地下空间规划开发承载力内容框架,如图5.2所示。

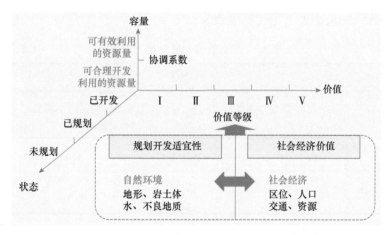

图5.2 地下空间规划开发承载力内容框架

本书第3章和第4章已经以昆明市为例根据昆明市的情况介绍了适宜性评价和社会经济价值评价,因此,本章重点解决内容框架中的其他内容。

>>> 5.2 地下空间现状容量计算

经过多年发展,昆明市的地下管线、人防设施、地铁、综合管廊等设施已经占据了一定数量的地下空间。根据不同设施对周边建筑物等设施净距的要求,可以确定已有地下空间设施已经占用的地下空间。

5.2.1 地下管线占用地下空间计算

根据国家标准《城市工程管线综合规划规范》（GB 50289—2016）来确定不同种类不同管径地下管线的覆土深度、水平净距、垂直净距等参数。

1. 地下管线覆土深度

已经敷设的地下管线深度相对确定，可按实际埋深计算其占用的地下空间。对于已规划的地下管线，地下管线覆土深度主要考虑地面载荷和土壤冰冻深度，昆明市属北纬低纬度亚热带-高原山地季风气候，冬季温度较高，不需要考虑土壤冰冻问题。因此，根据土壤性质和地面承受载荷的大小就可以确定地下工程管线的最小覆土深度，见表5.2。

表5.2　工程管线的最小覆土深度　　　　　　（单位：m）

管线名称		给水管线	排水管线	再生水管线	电力管线		通信管线		直埋热力管线	燃气管线	管沟
					直埋	保护管	直埋及塑料、混凝土保护管	钢保护管			
最小覆土深度	非机动车道（含人行道）	0.60	0.60	0.60	0.70	0.50	0.60	0.50	0.70	0.60	—
	机动车道	0.70	0.70	0.70	1.00	0.50	0.90	0.60	1.00	0.90	0.50

2. 地下管线水平净距

国家标准《城市工程管线综合规划规范》（GB 50289—2016）对工程管线之间及其与建（构）筑物之间的最小水平净距做了规定，同时燃气、供热等设计规范也对相应管线的水平净距做了规定，如《城镇燃气设计规范》（GB 50028—2006）规定了大于1.6MPa的燃气管线与其他管线的水平净距。

3. 地下管线垂直净距

国家标准《城市工程管线综合规划规范》（GB 50289—2016）规定了工程管线交叉时的最小垂直净距。

5.2.2 城市综合管廊占用地下空间计算

城市综合管廊除自身占据一定地下空间外，还需要考虑综合管廊与邻近设施的管线。《城市综合管廊工程技术规范》（GB 50838—2015）给出了综合管廊与相邻地下管线及地下构筑物的最小净距，并提出根据地质条件和相邻地下管线及地下构筑物性质确定净距，见表5.3。

表5.3　综合管廊与相邻地下管线及地下构筑物的最小净距

相邻情况	明挖施工/m	顶管、盾构施工
综合管廊与地下构筑物水平净距	1.0	综合管廊外径
综合管廊与地下管线水平净距	1.0	综合管廊外径
综合管廊与地下管线垂直净距	0.5	1.0m

5.2.3　地铁占用地下空间计算

除与地铁同步建设的地下空间设施外，为了保障地铁运行安全，其下部地下空间难以利用，因此，主要考虑地铁与其他设施的水平净距。

《城市轨道交通结构安全保护技术规范》（CJJ/T202—2013）对城市轨道交通沿线控制保护区进行了规定，均按照设施外边线进行计算，其中地下车站与隧道结构为外边线外侧50m内。

>>> 5.3　地下空间开发容量估算方法

地下空间开发受到诸多因素的影响，但各影响因素主要围绕岩土体力学作用，可以形成如图5.3所示的地下空间开发容量影响因素作用机理模型。人类进行地上开发和地下开发过程中，产生对岩土体的作用力，而岩土体产生相应的应力来维持力的平衡，岩土体的应力变化会产生岩土体变形、不均匀沉降等问题，从而对周边环境造成不良影响，因此，影响地下空间开发容量的主要因素可以归纳为：地面建筑、环境因素、岩土体环境。

另外，从时间维度上来看，需要考虑地上开发现状，将其分为尚未开

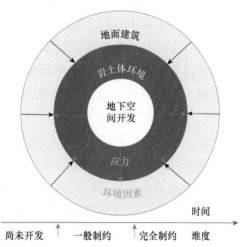

图5.3　地下空间开发容量影响因素作用机理

发、一般制约、完全制约等。

地下空间资源的开发将改变原有的应力平衡状态，发生应力重分布。如果周围新应力场中的应力没有超过岩体的承载能力，岩体就会自行平衡；否则，周围岩体将产生破坏，如出现破裂甚至冒落，或者开挖断面产生很大的变形，边坡塌方以及工程地质条件的恶化等（李勇，2004）。这种情况下，就需要对围岩进行合理的支护，保证围岩稳定，减小开挖对环境的损害程度，实现地下开挖与环境的协调。

地下空间资源容量的大小由地下洞室的大小直接决定。而地下洞室的大小又与周围的应力环境密不可分。在地下洞室的开挖前期，应根据地质调查和地应力测量，确定围岩的力学参数和地应力，在应力环境允许的范围内合理设计地下洞室的大小和形状，提高地下空间资源的利用率。

5.3.1　主要影响因素分析

1. 地面建筑

地面建筑立于地上，必然会对其下部及周边的土体造成一定的压力。由于现在建筑向高层发展，地面建筑对岩土体的作用力越来越大，其影响范围也越来越大，同时地面建筑对岩土体的变形、不均匀沉降等要求也更加严格。对于高层建筑，岩土体微小的变形就有可能造成楼体倾斜、建筑结构破坏等。

2. 岩土体环境

岩土体环境的上限是地表，下限是人类开挖地下空间的深度，而地下资源是直接在岩土体中开挖，其中受到影响最大的就是岩土体环境。地下资源的开挖会对岩土体环境造成不同程度的损害。当岩土体环境受到的损害达到极限程度时，便有可能在整个岩土体环境内发生地质灾害，如围岩失稳、地面沉降、地裂缝、地震，同时也会对开挖的地下空间甚至整个区域环境造成严重破坏（刘宁，2008）。

岩土体环境具有明显的空间变异性和区域差异性，其将显著改变地下空间的开挖条件，影响地下空间的开挖容量，并且开挖不同深度、不同规模、不同形状的洞室都会受到它的制约，因此对开挖地隧的地质环境的前期勘查、施工中的围岩维护以及建成后的位移监测是必不可少的。在岩土体环境允许的范围内，由浅层空间逐渐向深层空间开挖，发挥大体积洞室的优势，尽量避免不规则洞室的应力集中，是扩大地下空间容量、防止地质灾害发生、降低地质环境损害的有效措施。

3. 环境因素

环境与人类是息息相关的，是相互依存、相互影响的。人类在利用和改造环境的同时，也在不同程度地污染和破坏环境，但被污染和破坏了的环境再反作用于人类时，就会危及甚至毁灭人类的正常生活。

地下空间的开挖同样会与环境相互作用，地下空间开挖必然造成城市环境的损害，当地下空间开发到一定容量、环境损害达到一定程度时，就会反过来影响地下空间资源的进一步开发和利用。因此，基于其与环境的协调来评价城市地下空间资源的开发容量是保护环境、利用地下空间资源、做到两者协调发展的前提。

然而，地下空间资源的开发在地下几十米到上百米的地层中进行，此举打破了地层中原有的应力平衡，使应力重新分布，对应力环境造成损害，引起岩层移动和变形，这可能导致地表沉陷、岩爆和瓦斯突出、地下含水层流失、岩土体塌方或滑坡等地质灾害，从而必然造成地面建筑设施的大量损坏。

4. 时间维度

从地下空间开发技术的角度出发，地下空间开发需要考虑地上地下已经建设的现状。根据已建设情况，可以将中心城划分为尚未开发区、一般制约区、完全制约区三大类来进行开发潜力评价。

（1）尚未开发区：尚未进行地上建筑、地下空间开发的地区，单纯从建设情况来看没有开发阻力。

（2）一般制约区：旧城、旧村、旧厂等具备更新改造条件，下一步可结合旧城改造进行地下空间开发的地区。

（3）完全制约区：城市已建、在建地区，已不具备地下空间再统筹开发的地区。

5.3.2　不同土地利用类型地下空间容量影响分析

根据城市地下空间开发的主要影响因素，同时结合我国土地利用类型的分类特点，分析不同土地利用类型对地下空间容量的影响，其主要包括以下5种计算模型。

1. 城市地面建筑物下的地下空间容量计算模型（A类）

建筑物载荷由基础传递到地基，并扩散衰减于周边更深、更远的岩土中。为了保证建筑物的稳定性，在对地下空间进行开发时，地基附近的一定空间是不可开发的，而且这个不可开发的空间大小与多种因素有关，如地面建筑物的高度、地面建筑物的基底的面积、地基的形状、地下的地质构造等。因为受上述多重因素的影响，所以地基所影响的范围应该是一个形状不规则的地下空间范围。建筑物基础会影响深度和范围，可根据基础埋深和地基稳定性要求来确定地面建筑物下的地下空间容量（储颖塑，2017）。基础下部的地下空间可分为三个区域。

第一个区域主要受建筑物载荷所产生的地基附加应力的影响，其影响深度为

$$H=1.5b\sim3b \tag{5.1}$$

式中，b为建筑物基础的宽度，在此范围内必须严格控制其地下空间的再开发利用。

第二个区域主要受建筑物基础侧向稳定性的影响，局部受建筑物载荷所产生的地基附加应力的影响。对此类地下空间的开发需要采取一些施工措施，防止建筑物的侧向失稳，所以其所在区域地下空间资源也不宜开发。

第三个区域受建筑物地基稳定性的影响较小，是地下空间资源开发的蕴藏区，但要注意的是这个区域正下方的部分不能采用明挖施工，且应限制开发比例。

针对城市实际情况，结合实际的可操作性，将建筑物分为低层建筑、中层建筑和高层建筑，各类建筑的基础影响深度见表5.4。

表5.4　各类建筑的基础影响深度　（单位：m）

建筑类别	建筑高度	基础影响深度
低层	≤9	10
中层	9～30	30
高层	≥30	50～100

由表5.4可知，中层以上的建筑物基础影响深度已经影响到次浅层的地下空间资源量，因此，在城市建设规划时地面地下要全盘考虑，统一规划，以免造成资源浪费（王曦，2015）。

2. 城市道路、广场下的地下空间开发模型（B类）

道路主要由路基和路面组成，它们共同承受行车荷载和自然因素作用。隧道式和沟堑式地下机动车道是城市道路下的地下空间开发利用的典型形式之一，在进行地下空间容量评估时可将其对地下空间资源的影响深度定为3m，因此道路下的可开发容量可用式（5.2）计算

$$V=(h_{开发深度}-3)\times S_{道路面积} \tag{5.2}$$

其中没有考虑在城市道路中路面下埋设的市政管线的影响，城市广场可参考道路进行计算。

3. 城市绿地下的地下空间开发模型（C类）

国外研究机构对全球11种植被群落253种植物根系的统计结果表明，植物总根重和根冠的90%都集中在地表到1m的土层深度内，1m以下的根重、根数、根土比均明显下降，其中包括了主根较深的乔木和沙漠植物。1m以上的土层集中了大部分根系，即根群主要位于1m以上（夏余丽，2015）。

因此，可以认为在城市绿地下方进行地下空间开发时，其开发容量理论上可以这样计算：适当增加林木植被所需的土层厚度及排水所需的厚度（吴文博，2012）。一般可以取1.7m（林木植被所需厚度）加0.3m（排水层厚度），也就是说，林地在其地表2m以下的范围内可以进行地下空间的开发利用，在此基础上再放宽1m范围以利于植被生长。

综上所述，在城市绿地下进行地下空间开发时，开发容量可以这样计算：

$$V=(h_{开发深度}-3)\times S_{绿地面积}\qquad(5.3)$$

4. 城市水体地下空间开发模型（D类）

城市水域不仅对城市景观、生态和文化传承等方面具有重要作用，其在城市规划中一般采取保护或者保护性开发。就技术而言，在城市水体下大规模开发地下空间具有一定的潜在危险，无论是暗挖施工还是明挖施工，都会在不同程度上造成地质环境的改变、地表水水质污染等环境问题。在大面积的水体中如果采用暗挖施工，施工不当可能会导致隔水顶板的塌陷或者泄漏，造成开挖现场大量涌水等严重问题。城市水域下部一定范围内的地下空间资源不宜大规模开发利用，建议只进行必要的局部开发利用，一般开发形式有两种：

（1）利用地下水域下部的空间埋设城市基础设施管线。城市基础设施管线属于微型隧道工程，若在技术上处理得当，其对上部水域影响会很小。

（2）当城市内部水域对城市交通有阻碍作用时，可以考虑穿越水域下部空间的交通隧道，如南京的玄武湖隧道以及上海黄浦江过江隧道等（卢利森，2009）。

在地下空间容量评估中，水体对下层地下空间的影响深度范围应该为水域底部至第一道隔水层，但在第一道隔水层以下开发地下空间时，要充分考虑隔水层承受上部水体的能力，因此在容量评估中，假设在足够的技术保障下，第一道隔水层以下即为可开发利用的地下空间资源量（储颖堃，2017）。因此，假定城市水域平均影响深度为地下10m，那么其容量为

$$V=(h_{开发深度}-10)\times S_{水体面积}\qquad(5.4)$$

5. 城市社会影响显著的地下空间开发模型（E类）

除了上述城市内的地面用地情况以外，教育、体育等用地对环境条件要求严格。为了保护地上设施，如历史文化街区、文物古迹用地、外事用地、宗教用地、防护绿地、区域交通设施用地等，不仅要考虑建筑影响，还要考虑文化、环境、社会等要素，并根据其影响程度不同来确定协调系数。

5.3.3　开发容量估算

由于资源量并不直接用于对资源开发规模的预测和编制，所以一般采用估算的方法就可以满足数据精度的要求。传统的估算方法是用岩石采矿的正常采空率类比地下空间可有效利用岩土层的空间比例，为了简便地对不同地块进行比较，通常按照地下空间天然总体积的40%进行估算（陈吉祥等，2018）。

然而，这种基于面积分析法评价得到的仅仅是地下空间资源总量的理想值，并没有考虑地质背景、水文条件、岩土体特性、地下工程及地面现状等因素对地下空间开发利用的综合影响以及与环境的协调问题，因而不能确定性地表征地下空间资源可以开发利用的实际容量，也难以实际指导地下空间规划和开发利用。

在城市地下空间的实际开发中，浅层明挖工法占较大比例，尤其是在规划建设用地的地块单元内部，基本都会采用明挖工法。因此，为了便于计算，对地下空间资源可有效利用比例的估算参数选区进行了改进。其基本理念是：根据地下空间的不同竖向层次，结合城市规划建设密度的合理波动范围进行地下空间资源有效利用容量估算，这种估算方法的结果在理论上与城市建设的实际指标更加接近。

具体的算法是：根据城市开发力度与城市空间开发强度需求的合理性，确定地下空间开发的合理密度，再测算资源分布范围内的可供有效利用的地下空间资源容量，并换算为建筑面积当量值，以便于直观理解和比较。

具体的估算步骤和规则如下：

（1）明确资源量估算范围，即地下空间资源可开发利用的工程适宜性分区范围。

（2）按平面分层确定与评估单元一致的地块估算单元；城市道路地下空间作为单独的估算单元；划分竖向层次。

（3）根据城市规划建设合理密度的指标范围，按不同空间区位、用地性质、城市建设与开发力度及地下空间需求强度的分布，确定竖向分层和不同类型评估单元的地下空间资源的有效利用密度系数。

（4）求估算单元的地下空间资源的天然体积，然后与地下空间资源有效利用密度系数相乘，求得可供有效利用的地下空间资源量。

（5）采用当量换算法，按一定层高参数，把可有效利用的地下空间资源量折算成当量建筑面积。

根据地下空间状态调查统计，在地下空间资源可充分开发的地区，其地面建筑密度一般可达到30%～40%，考虑部分地下空间可超出建筑基底轮廓范围，假定地下空间有效开发的平均占地密度：浅层40%、次浅层20%。

在不充分开发的地区，考虑过度开发对城市保护的负面影响，假定地下空间资源有效开发的平均占地密度为：浅层10%、次浅层5%。不可开发的地下空间资源不计入潜在可开发的资源量。

对于已建区域，可根据用地类型以及该地块地下空间开发的适宜性评价情况，分层确定地下空间有效利用系数，因此，已建区域可供有效利用的地下空间资源量估算系数等于根据各地块类型确定的地下空间开发因子乘以根据该地块地下空间开发适宜性评价情况确定的地下空间开发因子。对于未建设区域，仅根据该地块地下空间开发的适宜性评价情况来分层确定地下空间有效利用系数。

根据昆明市地下空间的基本数据，排除建筑制约区、水域制约区、文物保护区制约区和禁止建设用地等制约范围，进一步考虑一级制约区和二级制约区对地下空间开发的影响，分别确定浅层和次浅层范围内的地下空间有效利用系数。浅层地下空间和一级限制区的开发利用按质量等级不同对其进行不同规模和强度的开发；次浅层和二级限制区的开发，以适量开发为原则，考虑开发难度及其使用带来的影响。通过查阅无锡、厦门、青岛等地的地下空间规划、评估资料以及相关研究，将浅层地下空间和一级限制区的有效利用系数分别取为0.7、0.5、0.4、0.3、0.1、0；将次浅层和二级限制区的有效利用系数分别取为0.5、0.3、0.2、0.1、0.05、0，详见表5.5。

表5.5 可有效利用的地下空间资源量估算系数

类别代称	区域类型	基础协调系数		现状制约系数		制约类别
		浅层	次浅层	二级限制区	一级限制区	
R	居住用地	0.7	0.1	0.1	0.3	A类
A1	行政办公用地	0.7	0.1	0.1	0.3	A类
A2	文化设施用地	0.7	0.1	0.1	0.3	A类

续表

类别代称	区域类型	基础协调系数		现状制约系数		制约类别
		浅层	次浅层	二级限制区	一级限制区	
A3	教育科研用地	0.1	0.1	0.1	0.3	E类：教育科研
A4	体育用地	0.1	0.1	0.1	0.3	E类：体育用地
A5	医疗卫生用地	0.5	0.1	0.1	0.3	A类
A6	社会福利用地	0.1	0.05	0.1	0.3	E类：环境要求高
A7	文物古迹用地	0	0	0	0	E类：保护文物古迹
A8	外事用地	0	0	0	0	E类：由外事单位确定
A9	宗教用地	0	0	0	0	E类：尊重宗教习惯
B	商业服务业设施用地	0.7	0.3	0.1	0.3	A类
B29	其他商务用地	0.7	0.3	0.1	0.3	A类
B3	娱乐康体用地	0.7	0.3	0.1	0.3	A类
M	工业用地	0.5	0.1	0.2	0.5	A类
W	仓储物流用地	0.7	0.5	0.2	0.5	A类
S	道路与交通设施用地	0.3	0.2	0.3	0.7	B类
U	公用设施用地	0.5	0.5	0.3	0.7	E类
G1	公园绿地	0.4	0.5	0.5	0.7	C类
G2	防护绿地	0	0	0	0	C类
G3	广场用地	0.7	0.5	0.5	0.7	C类
E1	水域	0	0	0	0	D类：必要时隧道穿过
H2	区域交通设施用地	0.5	0.5	0.3	0.7	E类：地上设施安全
H3	区域公共设施用地	0.5	0.5	0.3	0.7	E类：地上设施安全
H4	特殊用地	0	0	0	0	E类
S1	城市道路用地	0.5	0.5	0.3	0.7	B类

≫ 5.4　基于承载力分析的地下空间规划开发建议

5.4.1　分析框架

　　地下空间规划开发是在综合考虑自然环境和社会经济价值的基础上，依据不同种类地下空间设施的需求程度对地下空间进行规划开发，可以建立三维地下空间规划开发建议分析模型，如图5.4所示。

对于地下空间开发，地下空间规划开发适宜性和社会经济价值共同决定了其开发利用的综合价值，这里采用矩阵分析方法和四象限模型进行综合价值分析。

5.4.2 综合价值分析

1. 矩阵分析方法

在城市地下空间规划开发适宜性评价和开发潜在价值评价的基础上，利用

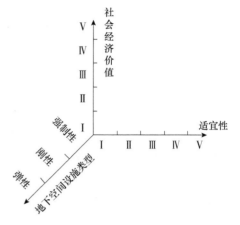

图5.4 地下空间规划开发建议分析模型

评价矩阵方法，得到地下空间开发综合价值评价表（表5.6）。

表5.6 地下空间开发综合价值评价表

综合价值	I（适宜）	II（较适宜）	III（适宜差）	IV（不适宜）	V（禁建）
I（高）	I	I	II	II	V
II（较高）	I	II	II	III	V
III（中等）	II	III	III	IV	V
IV（较低）	III	IV	IV	IV	V
V（低）	IV	IV	V	V	V

通过将适宜性、开发潜在价值和容量计算有机结合，可计算各种地下空间开发综合价值等级可有效利用的地下空间容量。

2. 四象限模型

四象限方法是一种二维分析方法，在时间管理方面具有广泛的应用。例如，房地产市场领域常用四象限模型进行市场长期均衡分析。针对地下空间开发综合价值的二维特点，根据不同适宜性和社会经济价值等级，采用四象限模型将地下空间规划开发分为四个象限来进行分析，见表5.7。

表5.7 地下空间规划开发综合价值评价表

综合价值	I（适宜）	II（较适宜）	III（适宜差）	IV（不适宜）	V（禁建）
I（高）		第二象限		第一象限	
II（较高）		价值高，适宜开发		价值高，不适宜开发	

续表

综合价值	Ⅰ（适宜）	Ⅱ（较适宜）	Ⅲ（适宜差）	Ⅳ（不适宜）	Ⅴ（禁建）
Ⅲ（中等） Ⅳ（较低） Ⅴ（低）	第三象限 价值低，适宜开发		第四象限 价值低，不适宜开发		

通过将适宜性、社会经济价值和容量计算有机结合，可计算地下空间在各种开发综合价值等级下的可有效利用容量。

5.4.3　地下空间设施需求分析

地下空间设施需求程度一般有两种划分方法，即按需求强制性程度划分和按需求弹性程度划分。

1. 按需求强制性程度划分

根据需求强制性程度不同，可以将地下空间设施需求分为强制性需求和非强制性需求。

强制性需求是指在我国相关法律法规、规章、标准规范等文件中强制性规定的要求。例如，人防工程的开发建设应当符合人民防空相关法律法规的要求。强制性需求一般包括防灾减灾、地下道路及综合隧道、轨道交通、地下管线、地下停车等。

非强制性需求主要为地下商业、地下公共服务设施、地下文化娱乐、地下仓储等。

在地下空间规划时，首先应满足地下空间强制性需求的功能类型，其次再以满足需求强度较大的地下空间功能类型为主。

2. 按需求弹性程度划分

按需求弹性程度划分，可以将地下空间设施需求分为刚性需求和弹性需求。

刚性需求指需求量确定或者需求范围变动小的需求。例如，相关规定明确了居住小区人均地下停车位的需求量；人民防空相关规定确定了人均人防工程需求量等。

弹性需求指需求量不确定、可变动范围较大的需求。例如，地下商业、地下公共设施、地下仓储等。

在地下空间规划时，应首先满足刚性需求，保证刚性的地下需求量，其次再以适合建设的弹性需求为主。

5.4.4　开发建议

第一象限：价值高但不适宜开发，应该重点保障基础设施建设，尽量减少商业设施建设，为未来基础设施建设预留相对优质的地下空间资源。

第二象限：适宜开发且价值高，在保证地下管线、地下停车场、人防设施、地铁、地下通道等基础设施开发的基础上，可以考虑地下商业、地下物流系统、地下交通系统等建设，通过合理规划，充分利用地下空间来提升区域整体水平。

第三象限：适宜开发但价值不高，一般为城市未充分开发地区或老旧城区，需要进一步发展或改造，因此，应对地下空间与地上同步规划、同步建设，做好长期规划。

第四象限：不适宜开发且价值不高，尽管不适宜开发并且价值不高，但对于一些基础设施，如市政管线、地下轨道交通等仍然具有一定的开发价值，建议适当发展地下基础设施建设（解智强等，2018）。

>>> 5.5　结果与讨论

借鉴霍尔的三维结构模式，从综合价值、容量类型、建设状态三个维度建立地下空间规划开发承载力分析框架；提出地下管线、综合管廊、地铁等占用地下空间容量的计算方法；基于地下空间开发容量影响因素作用机理，提出基础协调系数和现状制约系数相结合的可有效开发容量估算方法；提出地下空间规划开发承载力模型，实现了开发容量的多维估算与统计，并应用四象限方法给出地下空间规划开发的多角度决策建议。

参 考 文 献

陈吉祥，白云，刘志，等. 2018. 上海市深层地下空间资源评估研究. 现代隧道技术,55(z2)：1243-1254.

储颖堃. 2017. 淮北市主城区地下空间综合利用规划研究. 合肥：安徽建筑大学.

李勇. 2004. 朝阳镇至长白公路老岭隧道围岩应力-应变分析. 长春：吉林大学.

刘宁. 2008. 与环境协调的地下空间资源开发问题基础研究. 济南：山东大学.

卢利森. 2009. 丽水市地下空间资源评估. 杭州：浙江工业大学.

聂佳梅. 2006. 广西农业机械化发展的环境承载力研究. 南宁：广西大学.

童林旭. 2012. 地下建筑学. 北京：中国建筑工业出版社.

童林旭，祝文君. 2009. 城市地下空间资源评估与开发利用规划. 北京：中国建筑工业出版社.

王曦. 2015. 基于功能耦合的城市地下空间规划理论及其关键技术研究. 南京：东南大学.

吴文博. 2012. 苏州城市地下空间资源评估研究. 南京：南京大学.

夏余丽. 2015. 商洛市城市地下空间开发利用研究. 西安：西安建筑科技大学.

解智强，翟振岗，刘克会. 2018. 城市地下空间规划开发综合评价体系研究. 城市勘测，（z1）：5-9.

第6章
重点区域地下空间规划决策支持模型

>>> 6.1 重点区域地下空间规划特点与决策过程

城市重点区域地下空间的开发需要以改善空间环境为中心，以地下交通为重点，实现高强度、网络化的地下空间发展（宿晨鹏和艾英爽，2009）。重点区域地下空间规划设计是一项综合性工作，需要综合一系列相关的学科和专业，也是一项技术性、科学性和政策性都非常强的工作。在传统分工的影响下，单个项目被简单地分割成各种专业、任务，每个专业通常由一个人完成，无法集思广益，项目负责人容易忽略最终目的的优选（尧传华和金晓春，2006）。规划项目开展过程中的各类资料、档案成果不仅在质量上难以保证，也无法实现有效利用。因此，需要对重点区域地下空间规划的特点进行分析，总结影响地下空间规划的主要因素，建立重点区域地下空间规划知识框架，实现对地下空间规划知识的搜集与表达。

6.1.1 地下空间规划的特点

城市地下空间系统与城市系统的功能空间之间及其内部不同功能空间之间存在着相互依赖、高度关联的耦合关系。重点区域地下空间规划需要充分考虑这种高度复杂的耦合关系。

1. 复杂性形成机制

城市地下空间功能耦合机制以承载功能的相互关系为核心纽带，通过不同功能之间相互竞争协同机制而产生聚集与扩散、吸引与排斥、置换与共生等不同的相互作用，引导和影响着地下空间的生长、分布、配置、组织等运动，最终实现城市系统整体功能的最优化（王曦，2015）。

2. 系统综合性特点

由于高强度开发、多功能集成带来了现代城市的多样性和复杂性，城市地下空间开发利用需要符合城市立体化、集约化、综合化发展的要求。地下空间开发应当以完善城市功能布局、优化城市空间组织为目的，城市地上地下不同功能空间之间，交通、市政、物流、人防等不同系统之间，应当相互支持和配合，实现相互促进和推动，运用系统综合思想指导城市地下空间开发利用规划设计，实现城市系统的整体综合。

3. 与城市整体的协调

城市地下空间是城市整体空间的一个重要组成部分，城市地下空间开发利用是城市系统发展的主要内容之一，是形成、实现、完善和优化城市整体功能的重要方式和手段。因此，城市地下空间开发和利用、布局和组织的规划设计需要从城市整体考虑，来体现地上与地下空间之间、不同承载功能之间、不同城市区域之间的相互协调与适应，同时实现城市的自然、社会、经济之间匹配与平衡（尧传华和金晓春，2006）。

4. 建设过程的复杂性

城市地下空间开发应该充分考虑其实际价值和可行性。地下空间开发的规模及类别应该基于城市建设实际需求，充分考虑实施可行性，而不能简单地根据需求进行预测。

由于城市地下空间开发的不可逆性和短期性以及城市发展的持续性和长期性等特点，城市地下空间开发应当兼顾所在区域城市近远期发展的各种可能和需求，在地下空间规划设计中坚持一次规划到位、预留分期实施、保障近期需求的规划理念。

6.1.2　地下空间规划决策过程与需求

由于地下空间开发正处于快速发展阶段，国内许多地方的地下空间开发利用仍然缺少科学、规范的指导，缺乏有效的地下空间开发控制方法和控制指标，从而在一定程度上造成建设与规划脱节（石晓冬，2005）。因此，急需开展重点区域地下空间规划决策研究，一方面将国家、行业、地方等不同层次的标准规划进行整理，梳理现有的地下空间控制性指标及控制方法，通过知识表达将这些控制性指标提炼成规划知识，给出重点区域地下空间规划的控制性约束条件；另一方面，通过对国内外权威文献进行总结，提炼地下空间控制方法及未来发展趋势，同时通过典型案例分析，将经验知识和案例知识结合，通过知识推理，给出重点区域地下空间规划的推荐性意见。

针对重点片区地下空间控制性详细规划工作需求，重点区域地下空间规划决策模型需要针对不同区域给出地下空间规划建议。在规划之前，为规划提供服务，包括基础数据、功能建议、开发强度建议等；在规划过程中，对方案进行评价，提供方案优选方法（图6.1）。

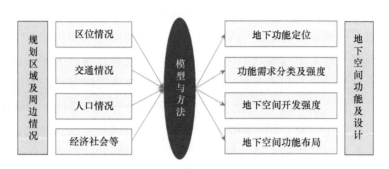

图6.1　重点区域地下空间规划决策模型需求分析

>>> 6.2　重点区域地下空间规划知识表达与决策方法

6.2.1　重点区域地下空间规划知识框架

由于城市规划的复杂性，城市规划理论至今尚未形成一个公认的、完善的知识体系，城市规划理论仍然不能清晰地反映城市运动发展的前因后果、内在本质，同时理论研究也缺乏内在的明晰性与合理性。Hopkins（2001）总结了城乡规划（包括地下空间规划决策）的四个属性，分别为相关性（interdependence）、不可分割性（indivisibility）、不可逆性（irreversibility）和不完全预见性（imperfect foresight），且每个属性都是动态变化的。地下空间规划的相关性和不完全预见性决定了其决策具有较大的不确定性。现阶段，地下空间规划开发决策缺乏完整的数据和适用的预测分析工具，决策主体难以全面把握决策对象的情况和发展趋势，许多决策仍属于经验决策。

通过对地下空间规划工作内容及活动的分解，从知识管理角度总结地下空间规划学科知识进展，形成重点区域地下空间规划知识表达框架，一方面可以在一定程度上辅助规划决策及对规划方案进行评估，另一方面有利于推动规划理论的发展。

在重点区域，地下空间规划过程中涉及方方面面的知识，但其一般可以划分为显性知识和隐性知识。显性知识是书面文字、图标和数学表述的知识，可称为明确知识。隐性知识是个人化知识，具有难以规划的特点，如那些非正式的、习惯性的技巧，隐性知识不易传播和表达（喻文承，2012）。

从地下空间规划知识的流程来看，知识管理活动是将"数据"转变为"信息""知识"的过程（图6.2）。数据涉及原始的事实，包括定性和定量事实，信息是指将数据按照一种有意义的形式进行组织和利用，而知识是对信息、经验和研究的理解。地下空间规划编制工作是规划师搜集数据、了解信息、学习知识和进行决策的过程。相关人员通过各种途径获取描述城市过去、现状的空间形态、经济、社会、人口等数据，面向规划问题分析城市空间、资源配置等物质实体形态的变化以及它们之间的相互作用、影响因素等信息，结合规划师自身经验、专业技能、规划专业领域原理等形成针对问题的解决方法和思路策略等知识，通过深层次思考和比较，合理规划城市的未来，即科学地规划决策并付诸实施（黄晓春和喻文承，2009）。

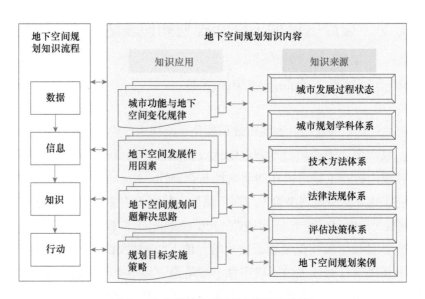

图6.2　重点区域地下空间规划知识框架

城市地下空间规划工作知识主要来源于已有的研究成果，包括城市规划学科体系、技术方法体系、法律法规体系、评估决策体系、地下空间规划案例等。提炼得到的知识包括城市功能与地下空间变化规律、地下空间发展作用因素、地下空间规划问题解决思路、规划目标实施策略等。

6.2.2　知识分类与表达方法

近年来，随着知识管理、大数据、大知识等技术方法的快速发展，在规划领域不断引进和应用相关新技术。喻文承（2012）提出了基于本体论的规划知识建模和组织表示的方法；蒋燕（2013）构建了城乡规划案例库的分层架构和编码体系，并制定了案例标准格式。重点区域地下空间规划作为城乡规划的重要组成部分，具有城乡规划的共性特征，但重点区域地下空间规划作为区域控制性详细规划，其知识具有更强的针对性。

针对重点区域地下空间规划知识性和经验性的特点，可以将其知识分为两类：一是通过对地下空间规划已有法律法规、技术规范、技术方法等知识进行收集、总结，明确区域地下空间规划相应的限制条件，给出各项条件约束下的地下空间功能、强度等可选空间；二是通过典型案例收集，提取地下空间规划过程中形成的经验知识。

1. 控制性指标

对现有标准、规范中的一些约束性、控制性指标进行整理，明确相关指标与区域面积、区域属性、容积率、人口、车辆等之间的关系，给出控制性指标的计算方法，明确区域地下空间规划的控制性要求。

2. 规则表示法

规则表示法具有固有的模块特性，易于实现解释功能，其推理机制接近人类的思维方式。规则表示法采用产生式规则表示知识，它将知识表示成if< >then。

3. 案例知识

国内外在地下空间开发方面积累了大量经验，有许多成功案例。通过收集地下空间重点区域开发案例，将案例按照一定的规则进行表示。通过案例推理，寻找与待规划区域相似的历史案例，利用已有经验或结果中的特定知识即具体案例来解决新问题。常用的案例知识表示方法包括逻辑表示法、规则表示法、语义网络表示法、框架表示法。根据地下空间规划案例的特点，主要采用规则表示法和框架表示法进行案例知识表达。框架用于描述具有固定形式的对象。一个框架由一组槽组成，每个槽表示对象的一个属性，槽的值就是对象的属性值。

6.2.3　基于案例推理的决策方法

1. 案例结构化描述

通过对重点区域地下空间规划案例的有效分析，提出地下空间规划案例的主题和属性的结构化描述，明确相似度计算与分析的框架（表6.1）。

表6.1　重点区域地下空间规划案例结构化描述

层次	主题	属性
区域已知信息	区位条件	空间区位、功能定位、区域属性
	区域规划	用地类型、容积率、建筑密度
	交通情况	地面交通、步行环境、地下交通、停车
	人口分布	居住人口、办公人口、年龄结构
	经济社会条件	居民收入水平、基准地价
地下空间规划信息	功能定位	区域地下空间整体功能定位
	开发强度及规模	各地块开发强度、整体开发规模
	功能设计	人防、市政管线、轨道交通、地下通道、商业等各类功能开发面积及比例
	布局设计	平面布局形态、各地块布局要求

对案例进行整理和归纳，城市重点区域地下空间开发需要符合城市立体化、集约化、综合化发展的要求，实现地下空间开发对城市交通、市政、物流、人防等功能的支持，地下空间与地上空间是一个相互促进和推动的关系。

2. 相似度匹配方法

重点区域地下空间规划案例收集困难，并且有许多案例信息缺失或记录不当，造成案例属性值缺失。具有缺失属性值的案例相似度计算，若属性值不确定时该相似度约定为0，则将大大降低案例的相似度值，因此，可采用基于结构和属性的双重计算方法。

1）结构相似度计算

为了解决案例属性及指标值缺失问题，首先计算各源案例与目标案例间的结构相似度（徐亚博等，2013）：

$$J_{\text{Sim}}(Q,C) = \frac{W_{Q \cap C}}{W_M} = \frac{\sum_{i=1}^{m} w_i}{\sum_{k=1}^{l} w_k} \tag{6.1}$$

式中，Q 为当前规划的非空属性集合；C 为检索案例情景的非空属性集合；w_i 为 Q 和 C 交集中的第 i 个属性的权重；w_k 为 Q 和 C 并集中的第 k 个属性的权重。

2）属性相似度计算

计算目标案例 C_o 与历史案例 C_r（$r=1, 2, \cdots, m$）间关于属性 x_{rj}（$j=1, 2, \cdots, l$）的属性相似度 $\text{Sim}_j\,(C_o, C_r)$。

A. 数值型指标相似度

当属性 x_{ij} 为精确数值时，属性相似度 $\text{Sim}_j\,(C_o, C_r)$ 的计算公式为

$$\text{Sim}_j(C_o,C_r)=1-\frac{\left|x_{rj}-x_{oj}\right|}{\max\limits_{1\leqslant j\leqslant l}\{x_{rj}\}-\min\limits_{1\leqslant j\leqslant l}\{x_{rj}\}} \tag{6.2}$$

式中，x_{oj} 为目标案例 C_o 关于第 j 个属性的值。

B. 有序枚举型指标相似度

将有序枚举型指标转化为数值形式，如地面道路交通指数，可记为 $T=\{$畅通、基本畅通、轻度拥堵、中度拥堵、严重拥堵$\}$，则语言变量集 T 的下标集合为 $S=\{1, 2, 3, 4, 5\}$。

C. 归纳式检索

针对无序枚举，可以利用基于决策树的学习算法实现案例检索，从案例的各个组成部分抽取出最能将规划案例区分开的成分，并根据这些成分将案例组织成一个类似于判别网络的层次结构，检索时依照决策树的运作方法进行。

3）全局相似度计算

根据不同属性值类型，分别计算规划案例与目标案例属性相似度及结构相似度，然后将两者进行结合，即全局相似度，可根据式（6.3）求得

$$\text{Sim}(Q,C)=\sum_{i=1}^{m}\left(\frac{w_i}{W_{Q\cap C}}\text{Sim}\left(s_{oi},s_{ji}\right)\right) \tag{6.3}$$

式中，$\text{Sim}\,(Q, C)$ 为 Q 和 C 的全局相似度；$W_{Q\cap C}$ 为 Q 和 C 交集的权重之和；w_i 为 Q 和 C 交集中的第 i 个属性的权重；m 为 Q 和 C 交集中属性的个数；$\text{Sim}\,(s_{oi}, s_{ji})$ 为当前事件情景与检索案例情景第 i 个属性的相似度。

6.2.4 基于置信度的知识融合方法

案例推理在相似度计算方面的研究已经很成熟，但最相似历史案例的方案

在大多数情况下需要进行调整才能应用于新的地下空间规划中。通常根据专业知识和经验进行案例调整，这对专业性要求很高，许多学者开展了方案自动调整方法研究，如基于距离或者相似度值的统计型案例调整方法，Qi等（2012）提出在基于相似度的统计方法中融入调整值来提高调整能力。Hu等（2015）引入相似度和灰色关联度混合的方式来确定权重。另外，一些学者通过引入机器学习方法来提高精确度，Liao等（2012）应用改进的遗传算法学习目标案例与相似案例之间方案的差异来获得目标案例的解决方案。

重点区域地下空间规划知识来源差异显著，这就导致不同知识的置信度差别较大（表6.2）。置信区间给出的是被测量参数的测量值的可信程度，即"一定概率"，这个概率被称为置信水平，置信度是不确定信息的一种很好的表示方法。Yang等（2007）提出了一种更接近实际的置信规则表达机制，对传统模糊if-then规则进行改进，提出了置信规则库。假设在置信规则库中共有M个前提属性，$X=[X_1, X_2, \cdots, X_M]$为系统的输入，其中$X_i$（$i=1, \cdots, M$）表示第$i$个前提属性的输入，则第$k$条规则形式如下：

$$R_k : \text{if } A_1^k \text{ and } A_2^k \text{ and} \cdots \text{and } A_{T_k}^k \text{ then } D_k \qquad (6.4)$$

式中，$A_{T_k}^k (\in A_i, i=1, \cdots, T_k)$为第$k$条规则中第$i$个前提属性的参考值，$T_k$为第$k$条规则中属性的权值。

表6.2 基于不同知识来源的置信度分析

知识来源	置信度分析	置信度取值范围
国家法律、法规、标准、规范	行业认可度极高的知识，具有极高的置信度，但一些近年未修订的标准，置信度应适当降低	0.8～1.0
经典文献、高引用文献；经典、高引用度案例	行业认可度较高，具有较高的置信度	0.6～0.8
一般文献、常规案例	具有一定的认可度，但整体置信度一般	0.4～0.6
案例推理置信度	根据案例相似度、相似案例数量和质量确定	0.5～0.9

>>> 6.3 重点区域地下空间功能设计

重点区域地下空间功能设计遵循从整体到具体内容两个步骤，因此，包括整体设计、功能设计等内容。

6.3.1　整体设计

重点区域地下空间功能整体设计包括该区域地下空间功能定位、开发规模、开发深度、功能建议等内容。

1. 功能定位

重点区域地下空间功能定位是以其基本条件为基础，包括自然、经济、社会各个方面，确定该区域地下空间服务的地域范围和在特定的宏观背景下该区域的主要发展方向、任务与职责，其具有导向性以及鲜明的形象个性，一般具有战略性、特色性、综合性、动态性、空间性等特点。

地下空间功能定位主要根据区域地上功能特点、区位特点等确定。对地下空间开发的主要类别进行界定，对国内外地下空间开发案例进行总结，将地下空间整体功能分为以下类别。

1）地下交通换乘中心

拥有交通集散作用的城市交通枢纽，特别是综合交通枢纽，对地下空间的需求非常强烈，开发地下空间可以节约用地面积、缓解地面交通压力、建立便捷换乘体系。

地下交通换乘中心的典型特点为以交通节点（包括铁路、长途汽车、公交、地铁）为切入点，其开发需要与地上功能空间紧密结合，综合利用地下功能空间，尝试地下深层区域的开发，根据社会需求引入现代化设施空间，同时需要保护城市文化与自然环境。

2）地下商业中心

随着城市地下空间开发规模的不断扩大，大型地下商业空间的开发已经成为我国城市地下空间开发的重要组成部分。城市地下商业中心开发一般在城市综合体、商业街、商业区进行。地下商业空间的开发可以增加原有商业的购物、休闲、娱乐等空间。城市综合体本身融合了多项功能空间，导致不可能所有的活动都能建立在地面之上，相对于办公、居住、旅店等对自然环境要求高的设施，商业、餐饮、娱乐等可以很好地利用自身的优势开发利用地下空间。将商业空间放在地下，需要与城市交通相连，改善城市交通方式和购物方式。

《昆明市城乡规划管理技术规定（2016版）》提出地下街规模的确定应综合考虑该区域长远发展规划以及地下街通行能力等因素，地下街建筑总面积不宜小于5000m^2，并设置必要的给排水、通风、电力电信、消防等设施。

3）商务区地下空间

城市商务区是城市商务、贸易、商业、会展、企业总部、中介等最集中的区域，商务区一般具有如下特点：以商务写字楼为主，建筑较为密集；有较为先进的区域规划和建筑规划；有较好的外部交通条件；有大型绿地广场和较好的景观环境；有配套齐全的市政设施；有功能齐全的商业、娱乐设施。

商务区地下空间开发需要对交通、市政设施、环境等方面进行统一规划，在功能上实现互补，在空间上实现互通，在开发方式上实现互利，在经济效益和社会效益上实现互赢。商务区以写字楼为主，其地下商业应尽量避免在区域中心位置，使地下商业与写字楼既有一定关联又有一定距离，需要充分发挥地下建筑的优势，将商业与周边建筑、地铁、公共绿地相连接（杨佩英和段旺，2006）。

4）集中居住区地下空间

居住区是城市居民居住和日常生活的地区，是组成城市的基本单位之一，随着城市的发展和社会的变化，居住区经历了规模由小到大、功能由简单到复杂的长期演变过程。城市居住区正在向使用功能的综合化、服务设施的现代化和空间布局的立体化方向发展。

从居住区的基本功能要求出发，居住区对地下空间的需求大体有两种情况：一是城市公用设施、防灾设施等需要布置的地下空间；二是既可以布置在地面，也可以安排在地下空间中，或一部分适于地下空间，如交通、商业和服务行业、文化娱乐等，因此居住区地下空间开发利用的适宜内容可概括为交通、公共活动、公用设施和防灾设施四个方面（姚霞彬，2007）。

5）地下仓储物流中心

在大城市拥堵问题越来越严重的大趋势下，日本、荷兰、美国等国家已经将目光转向地下，希望建立将地上大部分货物的运输、仓储、分拣等过程转移到地下的城市地下物流系统，使城市地面交通减压、避免环境污染。地下物流系统中物流中心或物流节点规划必须与城市的远景规划相结合，要具有前瞻性，并尽量沿城市主干道布置，线路要贯穿连接城市交通枢纽对外货运中心（如码头、火车站、飞机场等）、商业中心、大型生活居住区等货运量大的场所。基于上述分析，地下空间功能定位由多种因素共同决定（闫文涛，2015）。因此，采用多重判据法，综合判断各方面条件，确定不同区域地下空间功能定位，见表6.3。

表6.3　地下空间功能定位判断依据表

大类	小类	判断依据
地下交通换乘中心	地下综合换乘枢纽	具有下列条件之一： （1）同时具有火车站、长途汽车站、公交枢纽、地铁站中的3类； （2）同时具有火车站、大型长途汽车站、公交枢纽、地铁换乘站中的2类
	地下交通换乘中心	不具备地下综合换乘枢纽的条件，但具备： 火车站、长途汽车站、公交车站、地铁站中的2类
地下商业中心	地下综合商业服务中心	同时具备下列条件： （1）区域商业用地面积大于50%； （2）适合地下商业设施开发面积大于10000m²
	重要地下商业中心	不符合地下综合商业服务中心条件，但同时具备下列条件： （1）区域商业用地面积大于30%； （2）适合地下商业设施开发面积大于5000m²
商务区地下空间	商务区地下空间	同时具备下列条件： （1）区域性质为商务区； （2）适合地下商业设施开发面积大于3000m²（扣除地下停车、人防等刚性需求）
集中居住区地下空间	集中居住区地下空间	同时具备下列条件： （1）区域性质集中居住区； （2）区域居住用地面积大于70%； （3）适合地下服务、商业设施开发面积大于1000m²（扣除停车、人防等刚性需求）
地下仓储物流中心	地下仓储物流中心	同时具备下列条件： （1）区域性质为仓储用地； （2）适合地下空间开发面积大于5000m²
地下空间一般区域	地下空间开发一般区域	不满足上述条件，且适宜开发部分地下空间

2. 开发规模

在整体设计中，开发规模主要对地下空间开发给出约束条件。在鼓励地下空间开发的发展趋势下，地下空间开发规模主要由区域的需求程度决定。《绿色建筑评价标准》（GB/T 50378—2019）中给出地下空间开发利用评分规则，按照地下建筑面积与地上建筑面积的比率 R_r 对居住环境进行评分，按照地下建筑面积与用地面积之比 R_{p1}、地下一层建筑面积与用地面积的比率 R_{p2} 进行公共建筑评分，同时参考《昆明城市地下空间开发利用专项规划（2014—2030）》中重点地段地下空间开发引导的相关内容，结合上述标准，根据区域容积率判断片区地下空间开发面积的最小值，其中容积率＝建筑面积（万 m²）/重点区域用地面积（万 m²），具体判断依据见表6.4。

表 6.4　开发规模控制表

容积率	片区地下空间开发面积/地面建筑面积	道路地下建筑空间利用率	规模广场下地下建筑空间利用率
3.0	不小于30%	不低于10%	不低于10%
1.5~3.0	不小于25%	不低于8%	不低于5%
1.5	不小于20%	不低于5%	无要求

3. 开发深度

目前，地下空间开发控制在-30m以内，但仍以-15m为主，在一些需求强烈的交通枢纽开发深度可达-30m。因此，重点区域片区竖向开发深度以-15m为主，地铁站台特别是换乘站，以及高强度开发区域（地块地下空间开发强度大于50）地下空间开发深度控制在-30m以内。

4. 功能建议

区域地下空间功能定位决定了区域地下空间开发主要功能，因此可根据功能类型给出地下空间开发功能建议，见表6.5。

表 6.5　地下空间开发功能建议

功能定位	功能建议
地下交通换乘中心	以交通功能为主，辅助餐饮、零售等配套商业设施，注重不同地上地下衔接，加强不同功能区连接通道设计
地下商业中心	以地上商业街为主骨架，结合广场地区积极建设大型地下商业综合体，注重商业综合体与周边区域地下空间、地铁站点的有效连通，形成规模的地下商业格局
商务区地下空间	以地下停车、轨道交通设施、地下通道为主，在有条件的情况下配建地下交通、物流设施；实现地下管线等市政设施地下化；配建地下商场、地下文化娱乐设施等
集中居住区地下空间	以地下停车为主，实现公用设施地下化，在居住区商业建筑地下空间，适当建设商业、生活服务设施，文化娱乐设施
地下仓储物流中心	结合地上工业、食物、物资储备需求，合理设计地下仓储物流地下设施
地下空间一般区域	结合周边环境，满足城市地下管线、管廊、轨道交通、地下通道、地下停车等刚性需求

6.3.2　功能设计

《城市地下空间规划标准》（GB/T51358—2019）将地下空间需求分析分为总体规划和详细规划两个层次。总体规划阶段，应对城市地下空间利用的范围、总体规模、分区结构、主导功能等进行分析和预测。详细规划阶段，应对规划期内所在片区城市地下空间利用的规模、功能配比、利用深度及层数等进行分析和预测，并应明确地下交通设施、地下商业服务业设施、地下市政设施、综合管廊和其他地下各类设施的规模与所占比例。

根据国内外区域地下空间规划研究现状，分别采用三种方法给出不同功能类型地下空间规模及比例：一是按照标准规范要求，给出人防、地下停车等刚性需求设施的规模；二是根据设施基本需求，确定其占用地下空间的规模，如市政管线设施，规划区域对水、电、气、热等供应的需求相对固定，可以根据区域内居民生活、商业区生产等需求情况做出规划；三是根据重点区域地下空间案例，采用案例推理方法，给出功能规模及配比建议值（表6.6）。

表6.6　地下空间功能设计

开发功能类型	分析方法	说明
人防（不可转换）	标准规范法	《昆明市城乡规划管理技术规定》（2016版）
人防（可转换）	标准规范法	《昆明市城乡规划管理技术规定》（2016版）
地下停车	标准规范法	相关标准有配建要求
市政管线设施	需求预测法、案例推理法	无相关要求，理论计算与案例分析结合
轨道交通	需求预测法、案例推理法	无相关要求，与轨道交通规划结合
地下通道	案例推理法	无规范要求
商业	案例推理法	有适建条件要求

1. 人防需求与设计

《城市居住区人民防空工程规划规范》（GB 50808—2013）中规定，城市居住区宜结合防空专业队工程或一等人员掩蔽所设置具有社区防空组织指挥功能的空间，其建筑面积指标不应小于$5m^2/10^3$人。一般省会城市属于人防Ⅰ类城市，根据《城市居住区人民防空工程规划规范》（GB 50808—2013）整理，形成Ⅰ类城市人防工程开发要求，见表6.7。

表6.7　配建人防工程的（人防Ⅰ类城市）建筑面积指标　　（单位：$m^2/$人）

区域类别	要求	不可转换人防工程		可转换人防工程		总指标
		医疗救护工程	防控专业队工程	人员掩蔽工程	配套工程	
居住区	上限值	0.18	0.30	3.20	0.64	4.32
	下限值	0.07	0.10	1.50	0.23	1.90
居住小区	上限值	0.28	0.34	2.84	0.54	4.00
	下限值	0.10	0.11	1.52	0.17	1.90
居住组团	上限值	—	—	3.20	0.80	4.00
	下限值	—	—	1.67	0.23	1.90

人防工程包括不可转换人防工程和可转换人防工程。不可转换人防工程包括医疗救护工程、防控专业队工程等；可转换人防工程包括人员掩蔽工程、配

套工程等。可转换人防工程应结合工程特点，兼顾城市交通、市政等功能进行规划、设计、建设（郦佳琪，2016）。

2. 停车需求与设计

《昆明市城乡规划管理技术规定》（2016版）给出了停车泊位配建指标，在地下停车规划时，应考虑地上已有停车场情况。根据停车位数量要求及每个车位面积进行换算，详见表6.8。

表6.8　停车位配建指标最小值

建筑类型	单位	机动车/个	非机动车/个
商品住宅	车位/100m² 地上建筑面积	1	1
廉租房	车位/100m² 地上建筑面积	0.4	4
公租房、经济适用房	车位/100m² 地上建筑面积	0.7	2
行政办公及文化设施	车位/100m² 地上建筑面积	1.0	1
商务办公及商业设施 （含宾馆、酒店）	车位/100m² 地上建筑面积 （包括地下商业建筑面积）	0.8	2
医院	车位/100m² 地上建筑面积	1.0	1.5
展览馆	车位/100m² 地上建筑面积	0.8	1.5

不同种类停车位建筑面积不同，小型汽车室内停车库每个车位建筑面积 $30m^2$，机械式停车库每个车位建筑面积 $20m^2$。

3. 市政管线设施

目前，市政工程设施地下空间需求量缺少技术标准支撑。汪瑜鹏和尹杰（2011）研究发现，大城市地下市政工程设施一般占地下空间开发量的2%~5%。张中秀和石榴花（2012）通过对市政管网结构和运行特点进行分析，给出了供水、排水、供电、供气、供热等管网密度指标，供水管网密度上限值为 $20km/km^2$，排水管网密度上限值为 $16km/km^2$，供气管网密度上限值为 $15km/km^2$。

4. 轨道交通

汪瑜鹏和尹杰（2011）经测算，确定一般轨道区间隧道每延长1m，地下空间需求量（折合建筑面积）约为 $20m^2$，每座轨道车站平均开发地下空间面积为 $1.5hm^2$。按照站点和轨道线路计算轨道交通建筑面积为

$$地铁建筑面积＝轨道交通线路长度 l \times 20 \times 0.0001（万 m^2）$$
$$＋轨道交通普通车站个数 \times 1.5 万 m^2$$
$$＋轨道交通一般换乘站个数 \times 2.5 万 m^2$$
$$＋轨道交通大型换乘站个数 \times 3.5 万 m^2 \qquad (6.5)$$

式中，l 为轨道交通线路长度。假定区域面积用 S 表示（注意将面积转换为 m^2），此时 $l=2\times\sqrt{S}$；n 为轨道交通站点预测，按 500m 规划一个地铁站计算，四舍五入取整，$n=S/25$ 万 m^2。

按照区域选择地铁站的结果，如果有大型换乘站，则普通车站为 $n-1$ 个，大型换乘站为 1 个，一般换乘站为 0；如果有一般换乘站，则一般换乘站为 1 个，普通车站为 $n-1$ 个，大型换乘站为 0；否则均为普通车站 n 个。

5. 地下通道

国内外对地下通道的需求没有明确的规定，《城市地下道路工程设计规范》（CJJ 221—2015）、北京市地方标准《人行天桥与人行地下通道无障碍设施设计规程》（DB11/T 805—2011）等给出了人行地下通道设计要求。赵景伟等（2015）提出地下连接通道采用经验取值方法进行计算，取地下公共设施建筑面积的 10%。

考虑到疏解地面人流的需求，通过结合地面人行环境对地下通道需求进行修正，并结合案例推理结果，确定不同区域地下通道的实际需求。

6. 商业

在布局设计过程中，根据地下空间总体规划量减去前几项地下空间占用量，即为地下商业规划设计量。

⟫⟫⟫ 6.4　重点区域地下空间布局设计方法

6.4.1　开发强度

1. 预测原则

地下空间开发规模受到多种因素影响，但一般要遵循整体性原则、前瞻性原则、生态性原则等。

2. 规模预测方法

常用的规模预测方法主要有类比法、分项统计法。

1）类比法

以国内外类似城市、类似地区已建成地下空间的规模为参考，分析城市地下建筑规模占地上总建筑规模的比例。根据规划区与参考城市中心区发展阶段、发展目标、规划范围、轨道交通等条件的相近程度，赋予不同的值，确定该规划区地下建筑规模与地上总建筑规模的比值；再根据层次规划中确定的地上总建筑规模，计算出规划区地下空间开发总量（姚文琪，2010）。

2）分项统计法

根据初步的地下空间功能布局，可按照地下空间开发利用的不同角度进行模型构建，构建分（生态）指标预测模型、分系统指标预测模型、分区位指标预测模型，分项计算出各部分地下空间开发量，然后将它们相加后求得开发总规模。

在分项统计的基础上，可建立的地下空间开发利用模型主要有分（生态）指标预测模型、分系统指标预测模型、分区位指标预测模型。

分（生态）指标预测模型：按照生态城市的指标体系，各种城市用地对应着相应的标准值，即城市某个指标的比值或人均占有面积为一确定的数值。因此，根据各项指标及调查所得到的数据，对各指标需求求和，可以计算出城市在生态城市标准下总的空间需求量以及地面空间需求量，从而计算出地下空间需求量。

分系统指标预测模型：城市地下空间需求可分解为若干系统需求，对各系统需求分别进行进销存预测，再对各系统需求量求和，即可得到城市地下空间总体需求量。

分区位指标预测模型：分区位指标预测模型以区位内的地块为计算单位，首先，结合对影响城市地下空间需求因素进行分析所得的成果（地下空间专家经验赋值系统）及相关城市地下空间建设经验，依据地面规划建设强度，初步确定地块的地下空间建设强度，然后根据每个地块的土地利用性质、区位和轨道交通对该地块地下建设强度进行校正；其次，根据每个地块的面积和地下容积率计算出每个地块的地下空间需求量，把每个地块的需求量叠加起来就得出城区或区域的地下空间理论需求量；最后，根据地下空间现状进行校正，用理论需求量减去地下空间现状量就得出地下空间实际需求量（陈志龙等，2007）。

3. 分区域指标预测模型建立

根据各模型的特点，结合昆明中心城区地下空间开发的特征，从数据可获取性、模型适用性与空间布局结合性出发，选取分区域指标预测模型。

1）需求区位划分

根据《昆明市城市总体规划（2011—2020年）》，将昆明中心城区地下空间需求区位分为核心区、生活性片区和功能性片区（表6.9）。

表6.9　需求区位划分

区位等级	城市分区	地下空间需求特征
一级	核心区	以城市商业、商贸、行政办公及居住用地的地下空间需求为主
二级	生活性片区	以城市居住、公共设施用地的地下空间需求为主
三级	功能性片区	以仓储、对外交通、工业用地及居住用地的地下空间需求为主

2）地下空间开发利用规模分级

在空间区位分级的基础上，根据各级别区位的土地利用性质对地下空间的需求规模进行分级（表6.10）。

表6.10 地下空间开发利用规模预测分级

城市用地		需求级别		
		一级需求区位	二级需求区位	三级需求区位
公共设施用地	商业	一级	二级	三级
	行政、办公、文化、娱乐	二级	三级	四级
	医疗、科研、体育	三级	四级	五级
道路广场用地	广场、停车场	三级	四级	五级
	道路	三级	四级	五级
居住用地		二级	三级	四级
城市绿地	公共绿地	六级	七级	八级
	其他绿地	—	—	—
仓储用地		五级	六级	七级
交通用地		五级	六级	七级
市政设施用地		六级	七级	八级
工业设施用地		六级	七级	八级
特殊用地		—	—	—
水域及其他		—	—	—

4. 需求强度确定

考虑地面建设强度，结合专家经验赋值系统，可确定某城市各个需求级别地块的地下空间需求强度（表6.11）。

表6.11 地下空间需求强度表

需求等级	需求强度/（万m^2/km^2）	需求等级	需求强度/（万m^2/km^2）
需求一级区	10.6～12.0	需求五级区	4.6～5.0
需求二级区	9.1～10.5	需求六级区	3.1～4.5
需求三级区	7.6～9.0	需求七级区	1.6～3.0
需求四级区	6.1～7.5	需求八级区	0.1～1.5

5. 需求强度校正

地下空间需求强度与相应地块地面建设强度、交通情况、土地利用性质、区位有关，结合昆明中心城区的具体情况，对地下空间强度进行校正（表6.12）。

表6.12　地下空间需求强度校正表　　　（单位：万 m²/km²）

地面建设强度	需求强度							
	一级	二级	三级	四级	五级	六级	七级	八级
高密度区	12.00	10.50	9.00	7.50	6.00	4.50	3.00	1.50
中高密度区	11.65	10.15	8.65	7.15	5.65	4.15	2.65	1.15
高层低密度区	11.30	9.80	8.30	6.80	5.30	3.80	2.30	0.80
中密度区	10.95	9.45	7.95	6.45	4.95	3.45	1.95	0.45
低层低密度区	10.60	9.10	7.60	6.10	4.60	3.10	1.60	0.10

6.4.2　竖向建议

地下空间作为土地空间的重要组成部分，其开发利用在一定程度上是对地上功能建设的补充和辅助。从经济学的角度来看，城市地下空间具有价值性、相互影响性、用途多样性及资源有限性的特点。不同的地下空间，外观和功能不同，相应的业态、布局、设施也有所区别（耿松涛，2012）。

地下空间功能类型合理度是指城市地下空间与地上城市系统功能性质、开发强度、空间布局等要素之间的适宜性和合理性，以及地下空间系统中不同功能类型在功能性质、开发强度、空间布局、相互联系等方面的合理性。

城市地面土地开发利用的功能不同，对城市地下空间的开发功能的需求存在着一定差异。因此，在考虑地下功能合理度时，应充分结合地上城市土地的开发类型。在制定城市规划时，城市土地的用地性质决定了地面的功能开发类型，同时也对地下空间功能配置的合理性有着重要影响。因此，在研究地下功能与地上功能的匹配和协调程度时，可以根据不同用地类型进行划分，确定不同用地类型对应的地下空间功能类型，以此来判断城市规划方案的合理性。

《城市地下空间规划标准》（GB/T 51358—2019）给出了城市地下空间功能类型。根据地下空间功能引导，将地下空间功能分为政府主导的地下功能、积极鼓励的地下功能和严格限制的地下功能。各类地下空间功能的地下空间类型见表6.13。

表6.13　各类地下空间功能的地下空间类型

地下空间功能	地下空间类型
政府主导的地下功能	地下轨道交通、地下道路、公交场站、综合管廊、地下管线、地下通道、地下市政场站
积极鼓励的地下功能	地下商业、文体、娱乐、地下停车、地下广场
严格限制的地下功能	居住、行政办公、商务办公、教育、养老、医疗、二类仓储

同时，地下功能与地上功能对应引导控制表见表6.14。

表6.14　地下功能与地上功能对应引导控制表

地上功能	地下停车	地下管线	地下商业	地下公共设施	地下仓储	地下通道	地铁及地下道路	地下市政设施
居住用地	●	○	○	○	×	○	○	○
道路用地	○	●	○	×	×	●	●	○
广场用地	●	○	●	●	×	●	●	○
工业用地	○	×	×	×	●	×	○	○
商业用地	●	×	●	●	×	●	●	×
公共服务设施用地	●	×	●	●	×	○	○	×
市政用地	○	×	×	○	●	×	○	●
教育用地	○	×	×	○	×	×	○	○
绿地	●	○	○	●	×	●	●	○
水域	×	○	×	×	×	×	○	×

注：●表示适建；○表示有条件适建；×表示不适建。

根据不同用地类型，结合昆明市专项规划及相关规范，确定不同用地类型对应的地下空间功能类型，其中适合开发利用的地下空间功能类型又根据需求类型分为刚性需求和柔性需求。在进行地下空间规划时，应以政府主导的地下空间功能为主，积极鼓励地下空间功能建设，尽量避免不适建的地下空间功能开发；优先满足刚性需求，再满足柔性需求。不同用地类型对应的适建地下空间功能类型见表6.15。

表6.15　不同用地类型对应的适建地下空间功能类型

用地类型	适建地下空间功能类型	
	刚性需求	柔性需求
道路用地	★地下轨道交通，★地下管线（综合管廊），★地下通道	○地下商业，○地下综合体
广场用地	★地下轨道交通，★地下通道，○地下停车	地下广场，○地下商业，○地下文化娱乐
商业用地	★地下轨道交通，★地下通道，○地下停车、地下公共设施	○地下商业，○地下综合体
文化娱乐用地	○地下停车、人防工程	○地下商业，○地下文化娱乐
行政办公用地	★地下通道，○地下停车、人防工程	——
公共服务设施用地	○地下停车，○地下公共设施、人防工程	○地下商业
市政设施用地	★地下管线（综合管廊），★市政场站	地下仓储

续表

用地类型	适建地下空间功能类型	
	刚性需求	柔性需求
居住用地	★地下管线，★市政场站，○地下停车、人防工程	○地下文化娱乐
绿地（公园绿地）	★地下轨道交通，★地下通道，○地下停车	○地下商业，○地下文化娱乐
仓储物流用地	○地下停车、地下仓储	地下通道
医疗卫生用地	○地下停车	—
教育科研用地	○地下停车	○地下公共设施
工业用地	○地下停车、地下仓储	—

注：★表示政府主导的地下功能；○表示积极鼓励建设的地下功能。各类地下空间应满足人民防空的要求。

6.4.3　平面建议

1. 地下空间布局原则

1）系统综合原则

城市地下空间必须与地上空间作为一个整体来分析。对城市交通、市政、商业、居住、防灾等进行统一考虑、全面安排，这是合理制定城市地下空间布局的前提，也是协同城市地下空间各种功能组织的必要依据。城市地下空间得到地上空间的支持，将充分发挥城市地下空间的功能作用，反过来也会有力地推动城市地上空间的合理利用。

2）集聚原则

集聚原则源于经济领域的集聚效应，是指各种产业和经济活动在空间上集中产生的经济效果以及吸引经济活动向一定地区靠近的向心力，其是导致城市形成和不断扩大的基本因素。城市地下空间开发应该在地上地下容量协调的前提下，遵循集聚效应产生良性循环。在城市中心区发展地下空间，地下空间用途功能应与地面上部空间产生更大的集聚效应，创造更多的综合效益。

3）适应原则

地下空间开发利用应与城市发展轴或地下空间发展骨架（如地下轨道交通）相适应。当地下空间的开发利用沿城市发展轴进行功能开发，且与城市发展轴相重合时，其综合效益最高，发展最迅速。

2. 城市地下空间基本形态

城市地下空间是城市形态的映射，它是由各种地下结构、形态和相互关系所构成的一个与城市形态相协调的地下空间系统。

1）地下空间形态构成要素

A. 点状设施

点状地下空间是地下空间形态构成中最基本的元素，是城市功能延伸至地下的物质载体，是地下空间形态构成要素中功能最为复杂多变的部分，在城市中发挥着巨大的作用。在城市中心区，点状地下空间设施一般分布于城市的节点部位，如道路交叉点、广场、轨道站点等，其是城市中车流、人流高度集聚的特殊地段，是城市上下部空间的结合点，是城市上部功能延伸后最直接的承担者，如城市地铁站是地下与地面空间的连接点和人流集散点（杜莉莉，2013）。地铁站域的综合开发，形成集商业、文娱、停车等多功能于一体的地下综合体。

B.线状设施

线状地下空间是呈线状分布的地下空间形态，如地铁、综合管廊等，它是点状地下空间在水平方向的延伸或连接，一般分布于城市道路下部，构成了地下空间形态的基本骨架。线状地下空间设施是城市地下空间形态的重要组成部分。

C. 面状设施

面状地下空间设施是由若干点状地下空间设施通过地下联络通道相互连接，并直接与城市中心区的线状地下空间设施（主要是地铁）连通的一组点状地下空间设施群，如加拿大蒙特利尔、日本东京新宿的地下街等。我国上海人民广场地区也在逐步形成完善的地下空间设施群。

面状地下空间设施一般分布于城市中心区和大型的换乘枢纽，城市中心区地下空间利用的核心问题是交通问题。面状地下空间首先表现出较强的交通功能，在此基础上进行其他功能的拓展，如兴建一定数量的地下商业设施，吸引更多的人流在地下活动。各种功能的有机结合使城市中心区交通有序，极大地改善了交通和自然环境。

2）地下空间形态特征

根据城市地下空间的特点，可以将地下空间划分为以下几种基本形态。

（1）点状：城市点状地下空间是城市地下空间形态的基本构成要素，是城市功能延伸至地下的物质载体，是地下空间形态构成要素中功能最为复杂多变的部分。点状地下空间设施是城市内部空间结构的重要组成部分，在城市中发挥着巨大的作用。点状地下空间是线状地下空间与城市上部结构的连接点和集散点，如城市地铁站是与地面空间的连接点和人流集散点，同时伴随着地铁站的综合开发，形成集栅格、文娱、人流集散、停车为一体的多功能地下综合体，更加强了集散和连接的作用。

（2）辐射状：以一个大型的地下空间为核心，与周围地下空间连通形成放射状空间。这种形态一般出现在地下空间开发利用的初期，以地铁站点、中心广场为核心，通过对这些大型地下空间的开发，带动周围地块地下空间的开发利用，使局部地区的地下空间形成相对完整的体系。

（3）脊状：以一定规模的线状地下空间为轴线，向两侧辐射，与两侧的地下空间连通，形成脊状。这种形态在没有地铁车站的城市区域，或以解决静态交通为前提的地下停车系统中较为常见，其中线状地下空间可能是地下商业街或地下停车系统中的地下车道，与两侧建筑的地下室连通，或与两侧各个停车库连通。

（4）网格状：网格状地下空间以多个较大规模的地下空间为基础，将它们连通形成网格状。这种形态往往分布在地面开发强度较大、地下空间开发利用水平较高的城市中心区，由地铁站点、大型建筑地下室、地下商业街和其他公共空间共同组成，网格状的地下空间能有效促进地下空间系统的形成，提高地下空间利用率。

（5）网络状：以城市地下交通为骨架，将整个城市的地下空间通过各种形式进行连通，使城市形成地下空间的网络系统。城市地下空间的总体布局主要为这种形态，一般以地铁线路为骨架，以地铁（换乘）站为节点，将各种地下空间按功能、地域、建设时序等有机组合起来，形成完整的城市地下空间系统。目前，存在"中心联结""整体网络""轴向滚动""次聚集点"四种网络系统形态，前三种形态适用于旧城改造和更新，"次聚集点"形态模式则更适用于新区开发。为疏解大城市中心职能，在郊区新建"反磁力中心"，综合处理人、车、建筑、物流的关系。

3. 地下空间平面布局分析

通过对案例的总结，按照不同区域类型，从地下空间开发模式、地下空间功能类型、地下空间平面布局形态等方面，给出重点区域地下空间开发平面建议（表6.16）。

表6.16　重点区域地下空间开发平面建议

区域类型	地下空间开发模式	地下空间功能类型	地下空间平面布局形态
地下交通换乘中心	以交通枢纽为节点，集地下通道、地下商业、地下停车、地下文化娱乐为一体的具备复合功能的大型地下综合体	地下综合体、地下通道、地下商场、地下停车、地下文化娱乐	网络状
地下商业中心	集地下交通、地下商业、地下停车为一体的具备复合功能的地下空间	地下轨道交通、地下步行通道、地下停车、地下商场（商业街）	网格状、网络状

区域类型	地下空间开发模式	地下空间功能类型	地下空间平面布局形态
商务区地下空间	集地下交通、地下商业、地下文化娱乐为一体的具备复合功能的地下空间	地下轨道交通、地下步行通道、地下停车、地下商业、地下文化娱乐	网格状、网络状
集中居住区地下空间	以地下停车、人防工程、地下文娱等功能相对简单的地下空间为主	地下停车、人防工程、地下文化娱乐	点状、脊状
地下仓储物流中心	以结合工业需求的地下仓储、地下物流为主	地下仓储、地下物流	点状、脊状
地下空间一般区域	以满足城市地下管线、轨道交通、地下通道、地下停车等基础需求为主，进行功能相对简单的地下空间开发	地下管线、地下通道、地下停车、地下基础设施	点状为主，管线等随路敷设

>>> 6.5　结果与讨论

本章建立了重点区域地下空间规划知识框架，提出了其知识分类与表达方法及重点区域地下空间规划案例推理方法，并提炼了地下空间规划开发规模、功能设计、开发强度等方面的规则知识，提出了多重判据的知识融合方法，实现了案例推理和规则推理的有机结合，建立了地下空间重点区域规划决策支持模型，实现了根据重点区域位置、属性、人口、交通等信息辅助给出地下空间规划设计方案，方案包括整体设计、功能设计等内容。

参 考 文 献

陈志龙，王玉北，刘宏，等. 2007. 城市地下空间需求量预测研究. 规划师，（10）：9-13.

杜莉莉. 2013. 重庆市主城区地下空间开发利用研究. 重庆：重庆大学.

耿松涛. 2012. 中国城市地下空间开发与商业运营模式研究. 理论学刊，（8）：51-55.

黄晓春，喻文承. 2009. 面向规划编制的知识管理系统构建与应用研究. 规划师，25（10）：5-8.

蒋燕. 2013. 基于知识管理的城乡规划案例库研究. 上海：上海交通大学.

郦佳琪. 2016. 资源环境视角下城市地下空间可持续发展评价研究. 南京：南京工业大学.

石晓冬. 2005. 北京城市地下空间开发利用的策略研究. 现代城市研究，20（6）：23-25.

宿晨鹏，艾英爽. 2009. 地下空间与城市地上空间的区位整合. 低温建筑技术，31（1）：22-23.

汪瑜鹏，尹杰．2011．控制性详细规划层面下的地下空间规划编制初探——以武汉市武泰闸地区为例．华中建筑，29（4）：105-107．

王曦．2015．基于功能耦合的城市地下空间规划理论及其关键技术研究．南京：东南大学．

徐亚博，汪彤，王培怡，等．2013．基于案例推理的地铁非常规突发事件应急决策方法研究．中国安全生产科学技术，9（8）：44-48．

闫文涛．2015．城市地下物流系统节点选址研究——以重庆市为例．重庆：重庆交通大学．

杨佩英，段旺．2006．以商业为主导的地下空间综合规划设计探析．地下空间与工程学报，2（z1）：1147-1153．

尧传华，金晓春．2006．规划项目协同管理的价值和意义．规划师，22（12）：19-21．

姚文琪．2010．城市中心区地下空间规划方法探讨——以深圳市宝安中心区为例．城市规划学刊，（S1）：36-43．

姚霞彬．2007．居住区地下空间的分析与研究．合肥：合肥工业大学．

喻文承．2012．城乡规划知识管理与协同工作方法研究．北京：清华大学．

张中秀，石榴花．2012．城市市政管网承载力综合评价方法与应用．中国市政工程，（2）：42-43，47．

赵景伟，王鹏，王进，等．2015．城市重点地区地下空间开发控制方法——以青岛中德生态园商务居住区地下空间控制性详细规划为例．规划师，（8）：54-59．

Hopkins L D. 2001. Urban Development The Logic of Making Plans. Washington DC: Island Press.

Hu J, Qi J, Peng Y, et al. 2015. New CBR adaptation method combining with problem-solution relational analysis for mechanical design. Computers in Industry, 66 (1): 41-51.

Liao Z, Mao X, Hannam P M, et al. 2012. Adaptation methodology of CBR for environmental emergency preparedness system based on an improved genetic algorithm. Expert Systems with Applications, 39 (8): 7029-7040.

Qi J, Hu J, Peng Y, et al. 2012. A new adaptation method based on adaptability under k-nearest neighbors for case adaptation in case-based design. Expert Systems with Applications, 39 (7): 6485-6502.

Yang J, Liu J, Xu D, et al. 2007. Optimization models for training belief-rule-based systems. IEEE Transactions on Systems, Man, and Cybernetics - Part A: Systems and Humans, 37 (4): 569-585.

第7章
城市地下管线综合布局模型

>>> 7.1 需求分析

当前，我国已经全面建成小康社会，开启了全面建设社会主义现代化国家新征程，正在深入实施以人为核心的新型城镇化战略，城市开发建设方式从粗放型外延式发展转向集约型内涵式发展。近年来，作为城市"血管"和"神经"的地下管线建设规模和密度越来越大，道路浅层地下空间资源越来越紧张。受经济社会发展水平和"重地上、轻地下"观念的影响，城市地下管线的规划编制和管理长期滞后，这不仅造成了地下空间资源的浪费，也造成了"马路拉链"、挖断管线、竣工信息可靠性差等一系列问题。

城市地下管线埋设在地下，具有建设工期长、涉及面广、变动难度大等特点，编制城市地下管线综合规划，开展城市道路地下空间承载管线能力分析，对于梳理地下管线空间关系、优化管线系统布局、集约利用地下空间资源、提升城市规划建设管理整体水平具有十分重要的理论意义和实践意义。

7.1.1 政策需求

城市地下管线规划为城市规划的重要组成部分，在城乡规划相关法律法规中，地下管线是基础设施和公共服务设施的重要内容，在基础设施有关条款中有明确的政策要求。2008年1月1日起施行的《中华人民共和国城乡规划法》明确将基础设施和公共服务设施用地作为总体规划的强制性内容，要求城市的建设和发展应当优先安排基础设施以及公共设施的建设，乡镇的建设和发展，应当结合农村经济社会发展和产业结构调整，优先安排供水、排水、供电、供气、道路、通信、广播电视等基础设施，并规定城乡规划确定的输配电设施及输电线路走廊、通信设施、广播电视设施、管道设施等用地，禁止擅自改变用途；城市新区的开发和建设，应当合理确定建设规模和时序，充分利用现有市政基础设施和公共服务设施。《城市规划编制办法》规定，编制分区规划、控制性详细规划时要确定主要市政公用设施的位置、控制范围和工程干管的线路位置、管径，进行管线综合，并确定市政工程管线位置、管径和工程建设的用地界线。《城市规划编制办法》规定，编制分区规划、控制性详细规划时要确定主要市政公用设施的位置、控制范围和工程干管的线路位置、管径，进行管线综合；根据规划建设容量，确定市政工程管线位置、管径和工程设施的用地界线，进行管线综合。

规划类法律法规及部门规章对管线综合规划提出具体要求的同时，涉及管线的政府规范性文件结合管理需求对管线规划提出了具体的要求。例如，《住房和城乡建设部关于进一步加强城市地下管线保护工作的通知》（建质〔2010〕126号）中明确要求：城市人民政府应根据城市发展的需要，在组织编制城市规划时必须同步编制地下管线综合规划。城市地下管线权属单位应当依据城市总体规划及各自行业发展规划，编制城市地下管线专业规划，并按规定进行审批。《国务院办公厅关于加强城市地下管线建设管理的指导意见》（国办发〔2014〕27号）中明确要求：开展地下空间资源调查与评估，制定城市地下空间开发利用规划，统筹地下各类设施、管线布局；各城市要依据城市总体规划组织编制地下管线综合规划，对各类专业管线进行综合；合理确定管线设施的空间位置、规模、走向等。

7.1.2 管理需求

城市地下管线是随着城市功能的演变以及城市的进步而逐渐形成的。常年来，对管线规划概念认识不足，整体规划不合理，导致我国的城市管线交织现象严重，各种不同性质的管线随意搭设，这不仅占用了大量的空间，还存在重大的安全隐患（叶素萍，2012）。并且地下管线按专业分属于不同的管理部门，各类管线各自为政，缺乏统一的规划和建设，使得反复开挖现象十分严重，这对管线的安全运行造成严重威胁。因此，需要在城市道路有限断面上对各类管线综合安排、统筹规划，避免各种工程管线在平面和竖向空间位置上互相冲突和干扰，保证城市功能的正常运转（王建辉，2006）。

地下综合管廊是城市地下各类工程管线的综合走廊，对有效利用地下空间资源，逐步解决"马路拉链""空中蜘蛛网"等问题有重要的意义和作用。近年来，国家高度重视综合管廊的建设管理工作，自2015年起陆续出台了一系列政策文件，要求在城市新区、各类园区、成片开发区域新建道路，成片改造旧区、重要地段和管线密集区等，以及建设地下综合管廊，并先后在25个城市开展试点工作，推动了综合管廊的建设。然而，在什么样的区域建设综合管廊能够最大限度地解决空间利用问题、实现效益最大化，成为综合管廊规划建设面临的首要问题，也是地下管线综合规划亟须解决的重要问题（唐俊平等，2014）。

>>> 7.2　地下管线综合规划编制现状

《中华人民共和国城乡规划法》规定：规划区范围、规划区内建设用地规模、基础设施和公共服务设施用地等内容，应当作为城市总体规划、镇总体规划的强制性内容。目前，各城市地下管线规划内容主要体现在各行业的专项规划和管线综合规划中。

各行业的专项规划由规划部门和该行业的管线权属单位合作完成，如某城市的燃气总体规划，由该城市的规划部门与主要的燃气管线权属单位配合完成。规划应确定气源、输气干管、用气区域等内容。

在有限的道路通行条件下，要确保各种工程管线的通行安全、连接便利、互不干扰，必须进行城市管线综合规划工作，即在水平方向和垂直方向上，根据各类管线的使用、安全、技术、材料等因素，综合及合理地布置各类管线，这样既保证本专业管线衔接，又便于各专业管线彼此交叉通过。

7.2.1　管线专项规划任务及主要工作内容

各类管线专项规划的工作程序总体上大致相同，但因涉及内容、特点不同略有差异。总的来说，各类地下管线专项规划的工作内容主要包括用量或负荷预测，调整或确定规划目标及供应源头规划，配给管网设施布置，以及详细管网规划等。以下将从负荷及用量预测、管网布置规划及管网管径、流量计算三个方面概述目前管线专项规划的内容及主要方法。

1. 负荷及用量预测

在城市供气、用水、水资源重复利用、降雨、供热、供电等现状研究的基础上，结合能源政策、环保政策、社会经济发展状况及城市发展规划，利用综合指标法、负荷密度法、比例估算法、年平均增长率法等，进行负荷及用量预测。准确的负荷预测，可以经济合理地安排各专业管线厂站选址、管网布置，减少不必要的旋转储备容量，保证管网运行的安全稳定性。

2. 管网布置规划

管网布置一般分为两个阶段：一是根据各专业管线行业标准和《城市工程管线综合规划规范》（GB50289—2016）的规定，结合负荷用量预测、城市总体规划，明确管线敷设原则；二是根据当地实际情况，通过多方案技术经济比较，明确管网布置基本形式，优化网络结构。在初步确定管网布局后，需要及时反馈给城市规划总体布局，以便合理调整和完善城市规划布局，集约使用空间。

3. 管网管径、流量计算

燃气、给水、排水、供热管线规划中，需要根据负荷用量预测、供应源头、用户性质及需求等，对管网的设计压力、需求管径进行模拟计算，常用的方法是水力计算模型。管网水力计算过程一般包括：①根据供应类型及源头分布、负荷用量预测结果、管网的布置情况，计算管道流量；②根据管道流量结果，结合管网的输送特点，选择合适的管径、压力；③对管道的流量和压力损失进行验算，并进行水力平差计算等，以充分发挥管道的输送能力。

7.2.2　城市地下管线综合规划原则

管线综合规划分为管线平面综合规划和管线竖向综合规划。管线平面综合规划的主要任务是合理安排城市道路下各种管线的管位，给出道路管位标准断面。管位安排首先要满足各种管线安全运行的水平间距要求、荷载要求，便于施工及后期养护等；其次，考虑道路的使用功能，地下管线应尽可能布置在人行道、绿化带和慢行道下；最后，应保持规划的延续性，当前城市控制的标准断面在满足以上两点的条件下，尽量不要随意调整管位，减少新建与已建管线的交叉接管。管线竖向综合规划首先应确保管线满足最小覆土要求和各管线之间最小垂直间距要求。在城市管线综合规划层面，管线竖向综合规划的主要任务是控制雨、污水等重力管节点标高，满足周边地块的接管需要以及排水顺畅（唐俊平等，2014）。

管线综合布置的一般原则如下：

（1）规划中各种管线的位置采用统一的城市坐标系统及标高系统。

（2）管线综合布置应与道路规划、竖向规划协调进行。

（3）管线敷设方式应根据管线内介质的性质、地形、生产安全、交通运输、施工检修等因素，经技术经济比较后择优确定。

（4）管线带的布置应与道路或建筑红线平行。

（5）必须满足生产、安全、检修等条件，同时节约城市地上与地下空间。当技术经济比较合理时，管线应共架、共沟布置。

（6）城市工程管线布置应与现状和规划的城市地铁、地下通道、人防工程等其他地下空间或设施进行协调。

（7）城市工程管线布设应充分利用地形，避开地质不良地带，并应避免山洪、泥石流及其他地质灾害的伤害。

（8）当规划区分期建设时，管线布置应全面规划，近期集中，近远期集合。近期管线穿越远期用地时，不得影响远期用地的使用。

（9）综合布置管线产生矛盾时，应按下列避让原则处理：

①压力管让自流管；②可弯曲管让不易弯曲管；③管径小的让管径大的；④分支管线让主干管线。

以上避让原则中，前两条主要针对不同种类的管线产生矛盾的情况，后两条主要针对同一种管线产生矛盾的情况。

（10）工程管线与建筑物、构筑物之间以及工程管线之间的水平距离应符合规范规定。当受道路宽度、断面以及现状工程管线位置等因素限制难以满足要求时，可重新调整规划道路断面或宽度（袁丹，2001）。而在一些有历史价值的街区进行管线敷设和改造时，如果管线间距不能满足规范规定，又不能进行街道拓宽或建筑拆除，可以在采取一些安全措施后，适当减小管线间距。

（11）在同一城市干道上敷设同一类别管线较多时，宜采用专项管沟敷设。

（12）在交通运输十分繁忙和管线设施繁多的快车道、主干道，兴建地下铁道、隧道等工程地段，不允许随时挖掘地面的地段、广场或交叉口处，道路与铁路或河流的交叉处，开挖后难以修复的路面下以及某些特殊建筑物处，以及道路下需同时敷设两种以上管道以及多回路电力电缆的情况下，应采用综合管廊方式集中敷设地下管线（田巍，2013）。

（13）敷设主管道干线的综合管沟应在车行道下，其覆土深度必须根据道路施工和行车荷载的要求、综合管沟的结构强度以及当地的冰冻深度等确定。敷设支管的综合管沟，应在人行道下，其埋设深度可较浅（孙俊华和杨楠，2013）。

（14）电信线路与供电线路通常不合杆架设。在特殊情况下，征得有关部门同意，采取相应措施后（如电线线路采用电缆或皮线等），可合杆架设。同一性质的线路应尽可能合杆，如高低压供电线等。高压输电线路与电信线路平行架设时，要考虑干扰的影响。

（15）综合布置管线时，管线之间和管线与建筑物、构管物之间的水平距离，除了要满足技术、卫生、完全等要求外，还需符合国防的有关规定。

7.2.3　城市工程管线综合规划步骤

管线综合规划编制工作一般分三个阶段：①基础资料收集；②汇总综合、协调定案；③编制规划成果。

1. 基础资料收集

收集基础资料是管线综合规划的基础，所以收集的基础资料要尽量详尽、准确。收集的基础资料主要有下列几大类：

（1）自然地形资料：规划地区的地形、地貌、地面高程、河流水系、气象等。上述资料除气象资料外，均可在城市地形图上取得。

（2）土地使用状况资料：规划地区的各类用地现状和规划布局，规划地区详细规划总平面图。

（3）人口分布资料：规划地区的现状和规划居住人口的分布。

（4）道路系统资料：规划地区内现状和规划道路平面图。

（5）竖向规划资料：规划地区竖向规划图，包括各道路和地块控制点的标高和坡度。

（6）有关工程管线规范资料：国家和有关主管部门对工程规划管线的规范，尤其是当地对工程管线布置的特殊规定，如南北方因土壤和冰冻深度不同，对给水、排水等管道的最小埋深及最小覆土深度等的规定。

（7）各工程专业现状和规划资料：各工程管线现状分布，各工程管线专业部门近期及远期规划或设想等相关资料。各类工程管线都有各自的技术规范和要求。因此，收集的城市工程管线综合规划的基础资料均有各自的侧重点。

2. 汇总综合、协调定案

城市工程管线综合规划第二阶段的工作是对收集的基础资料进行汇总，将各项内容汇总到管线综合平面图上，检查各管线工程规划是否有矛盾，更为重要的是各项管线规划之间是否存在矛盾，提出总体协调方案，组织相关专业人员共同讨论，确定符合城市工程管线综合敷设规范，基本满足各专业工程管线规划的总体规划方案（袁丹，2001）。具体步骤如下：

1）制作工程管线综合规划底图

管线综合规划底图包括地形信息、各现状管线信息、规划总平面信息和竖向规划信息。这些信息需要分层处理，并且需要删除多余信息，让底图尽量简明、清晰。

2）专项检查定案

制作底图后，工程管线在平面上的位置关系，管线和建筑物、构筑物、城市分区的关系一目了然。第二个步骤是根据工程管线综合原则，检查各工程管线规划是否符合规范，确定或完善各专项规划方案。

3）管线平面综合

各专项平面布局基本定案后，即可进行管线综合工作。管线综合工作包括平面综合和竖向综合两方面。

管线平面综合的一项主要工作是绘制各城市道路横断面布置图。根据管线综合有关规范、各专业工程管线规范和当地有关规定，按水平间距的关系，寻找各管线在道路横断面之间的位置。

道路横断面的绘制方法比较简单，即根据该道路中各管线布置和次序将其逐一配入城市总体规划（或分区规划）所确定的横断面，并标注必要的数据。道路横断面各种管线与建筑物的距离应符合有关单项设计规范的规定。

4）管线竖向综合

前三个步骤基本解决了管线自身和管线之间，管线与建筑物、构筑物之间平面上的矛盾，本步骤是检查路段和道路交叉口工程管线在竖向上分布是否合理，管线交叉时的垂直净距是否符合有关规范要求。若有矛盾，需制定竖向综合调整方案，通过与专业工程详细规划设计人员共同研究、协调，修改各专业工程详细规划，确定工程管线综合详细规划。

3. 编制规划成果

城市工程管线综合规划的成果主要有图纸和文本两部分。其中，图纸部分主要包括工程管线综合规划平面图及管线交叉点标高图；文本部分主要包括总则、现状评估、总体要求、平面布局、竖向布置、设施安排、规划反馈等。

>>> 7.3　管线供应需求预测模型

以城市供水为例，开展管线供应需求预测模型研究。城市给水规划的主要内容包括城市用水量预测、水源选择、水厂位置选择、给水管网布置、应急供水等，其中地下管线专项规划涉及的工作内容主要包括用水量预测和给水管网布置。

城市用水量分为由城市给水工程统一供给的居民生活用水、工业用水、公共设施用水，以及除此之外的所有用水量的总和。城市给水工程统一供给的用水量应根据城市的地理位置、水资源状况、城市性质和规模、产业结构、国民经济发展和居民生活水平、工业回用水率等因素确定（任学焘，2013）。

用水量预测方法主要有城市单位人口综合用水量指标法、城市单位建设用地综合用水量指标法和分类求和法。

1）城市单位人口综合用水量指标法

在人口预测的基础上，考虑规划区的发展情况，对不同发展水平的地区采用不同的综合用水量指标（表7.1）。

表 7.1　城市单位人口综合用水量指标

区域	城市规模			
	特大城市	大城市	中等城市	小城市
一区	0.8～1.2	0.7～1.1	0.6～1.0	0.4～0.8
二区	0.6～1.0	0.5～0.8	0.35～0.7	0.3～0.6
三区	0.5～0.8	0.4～0.7	0.3～0.6	0.25～0.5

注：（1）特大城市指市区和近郊区非农业人口100万人及以上的城市；大城市指市区和近郊区非农业人口50万人及以上不满100万人的城市；中等城市指市区和近郊区非农业人口20万人及以上不满50万人的城市；小城市指市区和近郊区非农业人口不满20万人的城市。

（2）一区包括：贵州、四川、湖北、湖南、江西、浙江、福建、广东、广西、海南、上海、云南、江苏、安徽、重庆；二区包括：黑龙江、吉林、辽宁、北京、天津、河北、山西、河南、山东、宁夏、陕西、内蒙古河套以东和甘肃黄河以东地区；三区包括：新疆、青海、西藏、内蒙古河套以西和甘肃黄河以西地区。

（3）经济特区及其他有特殊情况的城市，根据用水实际情况，用水指标可酌情增减（下同）。

（4）用水人口为城市总体规划确定的规划人口数（下同）。

（5）本表指标为规划期最高日用水量指标（下同）。

（6）本表指标已包括管网漏失水量。

该方法是目前应用较多且行之有效的方法，故可作为用水量预测的主要方法。该方法可表示为

$$Q = Nqk \tag{7.1}$$

式中，Q 为城市用水量，单位为万 m^3/d；N 为规划期末城市总人口，单位为万人；q 为规划期内人均综合用水指标，单位为万 $m^3/$（万人·d）；k 为规划期使用统一供水用户普及率，单位为%。

2）城市单位建设用地综合用水量指标法

在各类规划的基础上，根据规划的城市单位建设用地规模预测城市用水总量。这种方法对城市总体规划、分区规划、详细规划都有较好的适应性，可作为用水量预测的校核。该方法可表示为

$$Q=q_oF \tag{7.2}$$

式中，q_o 为城市单位建设用地综合用水量指标，单位为万 $m^3/(km^2 \cdot d)$，见表 7.2；F 为城市规划建设用地面积，单位为 km^2。

表 7.2　城市单位建设用地综合用水量指标

区域	城市规模			
	特大城市	大城市	中等城市	小城市
一区	1.0~1.6	0.8~1.4	0.6~1.0	0.4~0.8
二区	0.8~1.2	0.6~1.0	0.4~0.7	0.3~0.6
三区	0.6~1.0	0.5~0.8	0.3~0.6	0.25~0.5

注：本表指标已包括管网漏失水量。

3）分类求和法

在具有较为完善的城市总体规划和相应的生活用水量、生产用水量和市政用水量基础资料的前提下，分别计算各类用水，然后进行求和。

最基本的分类方法是将城市总用水量分为居民生活用水、公共建筑用水、工业生产用水、浇洒道路和绿地用水、城镇配水管网漏损水、未预见水。其水量估算方法如下。

（1）居民生活用水量估算：计算城市规划的人口数及拟定的近、远期用水量指标的乘积。近、远期用水量指标要结合国家现行规范，并体现规划城市的气候特点、经济发展水平和卫生习惯（表 7.3）。

表 7.3　居民生活用水量指标　　［单位：L/（人·d）］

区域	特大城市		大城市		中/小城市	
	最高日	平均日	最高日	平均日	最高日	平均日
一区	180~270	140~210	180~270	140~210	140~230	100~170
二区	140~200	110~160	140~200	110~160	100~140	70~120
三区	140~180	110~150	140~180	110~150	100~140	70~110

（2）公共建筑用水量估算：按照居民生活用水量的百分数进行公共建筑用水量估算。其百分数的大小应根据实际情况确定，一般取 10%~25%。

（3）工业生产用水量估算：需要根据城市性质、经济结构、产业特点和发展态势，结合现状和规划资料，综合考虑用水量标准，进行工业生产用水量估算。估算时可用单位产品耗水量指标、单位设备每工作日耗水量或万元产值耗水量指标进行估算，也可用年递增率法进行计算。

（4）浇洒道路和绿地用水量估算：按水量估算方法的（1）、（2）两项总和的百分数估算，百分数大小应根据实际情况确定，一般取5%～10%。

（5）城镇配水管网漏损水量估算：宜按水量估算方法的（1）～（4）水量之和的10%～20%计算。

（6）未预见水量估算：按水量估算方法的（1）～（5）水量之和的8%～12%计算。

（7）城市总用水量估算：为水量估算方法的（1）～（6）六项之和。

在进行城市用水量预测时，自备水源供水的工矿企业和公共设施的用水量应纳入城市用水量中，由城市给水工程进行统一规划。

城市河湖环境用水和航道用水、农业灌溉和养殖及畜牧业用水、农村居民和乡镇企业用水等水量应根据有关部门的相应规划纳入城市用水量中。

如果需要计算城市综合生活用水量，则可以采用人均综合生活用水量指标进行预测，见表7.4。

表7.4　人均综合生活用水量指标　　　　　　（单位：L/d）

区域	城市规模			
	特大城市	大城市	中等城市	小城市
一区	300～540	290～530	280～520	240～450
二区	230～400	210～380	190～360	190～350
三区	190～330	180～320	170～310	170～300

注：综合生活用水为城市居民生活用水和公共建筑用水之和。

>>> 7.4　管线运行水力时空模拟

采用Wallingford软件进行管线运行水力时空模拟，该软件是世界领先的专业研究开发应用软件，且在全世界范围内连接了很多销售与客户支援网络系统。产品包含信息管理与网络拟合软件，在城市供水、排水、雨污系统、河流系统等方面，这些软件都有强大的适用性，可为这些领域提供一体化的解决方案。

7.4.1　供水模拟

InfoWorks WS软件是华霖富公司Wallingford软件开发的功能软件之一，该软件结合关系型数据库、水力发动机和空间剖析功能，为给水管网的拟合供应了一个整体化的轻松环境，除此之外，还把管线资金管理与商业规划的需要合成到一起。在市政给水系统里，该软件也供应了完美的解决方法。应用InfoWorks WS软件，能够宽松地建成管线模型，且能够细化和维护。新管网设计、管线基础设备限制性剖析、因季节而变的调遣方案、应急情况、水质量和别的很多难题都可以利用建成的模型来判断，并找到最佳解决方案。

利用InfoWorks WS软件可以轻松建立管网模型，并不断细化和维护。新区规划、管网基础设施局限性分析、不同季节调度方案、应急预案、水质等很多问题均可通过建立的模型进行诊断，从而寻求最优工程解决方案。软件丰富的模拟结果表现形式，使模型理解起来更加直观。

1．InfoWorks WS模型组成

InfoWorks WS包含以下几个运算模块。

（1）水质模块：给水管线系统水质成分剖析与污染状况的拟合。

（2）管流计算模块：水力运算引擎利用完全剖析的Saint-Venant方程拟合管线明渠流。

（3）消防流量分析模块：分析运算管线里各节点的消防能力能否满足要求。

（4）管线重要性分析模块：自动测验和设置参数来评价管网的重要程度。

（5）爆管分析模块：评价爆管给整个管线系统带来的影响。

（6）干管冲洗分析模块：利用冲洗搅动与迁移沉淀物排出管线，保证水质。

（7）压力相关的用水量分析模块：拟合实际管线压力对用水量、漏失量造成的影响。

（8）优化分析模块：计算出最省电的水泵运行时间。

（9）水锤模块：按照管网长度、构件反应时间与气穴压力等信息可拟合水锤的快速变化进程，以便进一步剖析管网中的压力变化。

（10）沉积模块：拟合供水管线中淤积物的输送转移情况。

2．InfoWorks WS模型的应用

（1）总体规划；

（2）调度方案指定；

（3）供水能力不足分析；

（4）污染事件模拟；

（5）泵站优化——开泵数量与运行时间；

（6）重要管道风险性分析；

（7）地下供水管线信息模型。

3. 供水管线模型构建

根据供水管线图,将该区域的供水管线信息录入InfoWorks WS软件中,建立该区域供水管网的模型。在InfoWorks WS软件中,新建一个该区域的模型库。

1)模型网络的建立

建立网络,将CAD管网道路图作为背景导入,作为参考网络。绘制节点和管段,将节点的属性数据和管段的属性数据输入网络中(图7.1)。

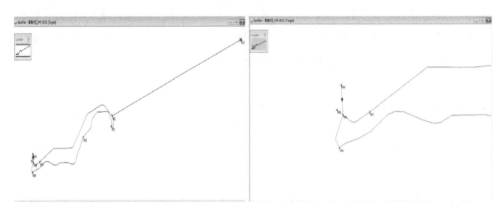

图7.1　供水管网局部拓扑图

2)需水量图表的建立

将图中有居民入住的部分,按照居住人口和建筑面积综合考虑,将用水量加到对应的节点上。为了保证用水量变化曲线的准确性,需要获取水量变化数据,对数据处理后得出该地区的用水规律,绘制出用水量变化曲线,如图7.2所示。

3)控制的建立

水库控制参数中添加最高运行水位、最低运行水位、底高程、深度与体积关系函数等;泵站控制参数中添加水泵曲线、工作流量、最大转速、最小转速以及水泵分级数等;用水控制添加固定水头控制参数(图7.3)。

4)模型的运行

模型的运行需要网络、控制和需水量图表这3个基本要素。模型运行前,对模型进行工程合理性检查,无误后运行模型,设置模型运行起止时间,设置步长值(默认60min)。将模型运算结果与测试点的测得数据相比较,对模型进行校核。经过参数调整后发现,水量和压力的运行结果与测试结果基本吻合,供水管网局部运行结果如图7.4所示。图7.4中压力采用水头压力表示,1m=0.01MPa。

根据模型运行结果,使用软件的主题图功能调出该区域的压力分布图,形成压力分布图,模拟结果如图7.4所示。

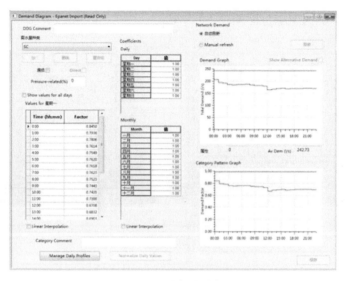

图7.2　需水量图表

图7.3　控制参数

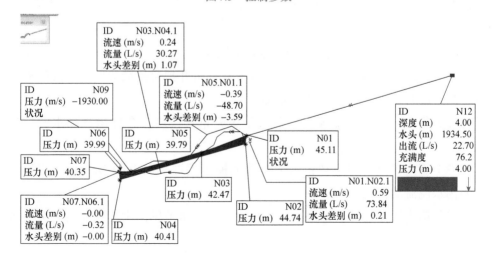

图7.4　供水管网局部运行结果

片区的供水模型运行图如图7.5所示。

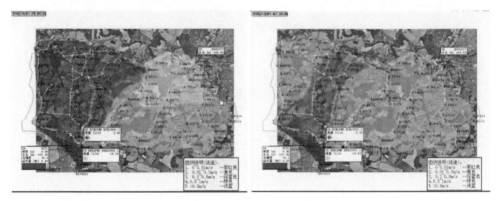

图7.5　模型运行图

7.4.2　排水模拟

InfoWorks ICM是华霖富公司Wallingford软件开发的功能软件之一，用于模拟城市排水管网，前期的版本关键采用WALLRUS当作水力运算的基本，应用下水道流动质量模型（MOSQITO）和管网水质模型拟合沉积物。1998年以后，该公司利用Hydroworks QM模型取代了早期的简单管道演算模型（WAQLLRUS）和MOSQITO并将之集成至InfoWorks ICM模型中。该模型软件可以为市政设施供应完整的系统运行模拟工具，与此同时，还可以逼真地拟合城区的水循环过程，并且还能对管线系统的限定性和规划方案给出更好的剖析，精确地开展管线模拟。

1. InfoWorks ICM模型组成

InfoWorks ICM的重要运算模型包含下面几个。

（1）集水范围旱流污水模型：关键用来剖析并拟合流动的城市市民生活用水、渗入流和工业商业废水的入流状况。

（2）集水区降雨径流模型：通过采用分布式模块拟合且运算降水的径流状况。

（3）管道流体计算模块：水力运算的模型关键采用Saint-Venant方程组运算明沟水流流动状况。

（4）集水区集水计算模块：可以自主采取集水范围的水流状况与有关集水区域。

（5）实时控制模块：能够实时控制溢满物、污染物与淤积物的输送，确定其最优保存方式且使消耗金额达到最小。

（6）水质及沉砂输送模块：能够组成水质模拟工具（UPM）与SIMPOL类型输入输出标准报告并导出准确的报告，与此同时，还能够估测水的质量与受到污染的程度，以及淤积物与河流河床传送沉积泥沙供应状况。

（7）洪水图形和坡面漫流。

2. InfoWorks ICM模型应用及功能

InfoWorks ICM模型拟合引擎具有十分悠长的发展史。通过持续的改进与应用，该引擎已走在排水模型设计的前沿。该软件设计的初衷即专业服务雨污模型，能够摆脱别的共享软件带有的限制性，因此可以接入很多不一样的模块与端口。并且该软件的运行速率较同行软件快很多，很多工程上也会采用InfoWorks ICM来开展一些预算与评估。该软件不仅可以为工程规划提供支持，还能为工程的运转与决定提供技术支撑。

3. 地下排水管线信息模型

通过对排水系统中检查井、管道、泵站以及其他排水构筑物的流量、水位、流速、充满度以及泵的启闭等实践序列仿真模拟可以发现，排水模型提供的结果可以为用户分析现状排水管网系统的工作状态。借助这些分析，可以了解排水管网是否出现超负荷运行或冒溢；当降水量达到多大时系统会无法正常排涝；为了让系统达到规定设计暴雨重现期的雨水，排水系统进行改扩建的规模是多少（李建勇，2014）。

排水管线模型构建。本次排水管线模型的研究范围为兰花沟下游核心排水系统，如图7.6所示。

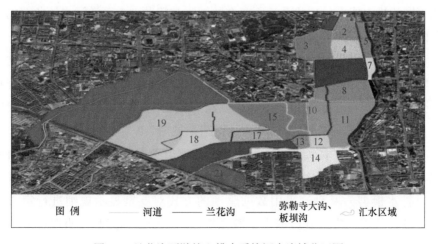

图7.6　兰花沟下游核心排水系统汇水流域分区图

　　该系统模型范围的划分多以实际道路和城市河道为天然分界，如图7.7所示。北边以西坝河、南边以永昌河、东边以西昌路、西边以二环南路处的兰花沟明渠段为边界；由于兰花沟作为区域的总下水管道，一直向北延伸至圆通街附近，而本次研究范围中所涉及的兰花沟仅为下游沟段，其实际上收纳了来自兰花沟上游系统的排水，所以此处需要以实测的流量数据作为上游边界流量，如图7.7所示标识处。图7.7是兰花沟下游核心排水系统模型范围。

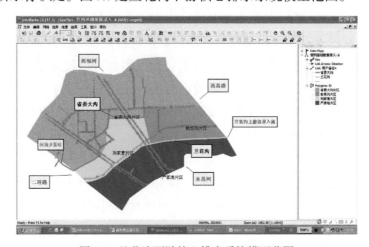

图7.7　兰花沟下游核心排水系统模型范围

　　在此模型范围的基础上，对基础数据进行整理、分析并结合实测数据对基础数据进行校验，使其满足排水模型的通用校验标准。然后，以此核心模型为基础，考虑将模拟范围扩大至整个兰花沟系统，最终建立起一个相对独立完善的系统模型。在最终模型的基础上，对模型进行评估和分析，评估和分析的内容包括现状管网的排水能力、现状系统所存在的缺陷和问题、对下游污水厂负荷的影响以及雨污分流可行性。

　　考虑到目前兰花沟系统存在的问题，本次模型的首要目标是通过建立现状排水管网模型，对现状管网的排水能力、积水状况以及系统缺陷进行调查和评估，分析系统造成积水的可能原因；其次，根据模型应用的进一步需求，实现其他相关目标，管网模型见图7.8和运行结果见图7.9。

　　为了更加直观、真实地展示城市地下排水管线及内涝情况，建立城市地下管线三维可视化模型，采用3DMAX、AutoCAD等专业建模软件进行精细建模。以排水模型为基础，采用数据驱动的方式对要素显示规则进行定义，并将要素显示的规则集成到数据库字段或软件功能中，通过程序直接读取要素对象并加载其显示规则实现要素的三维可视化，图7.10～图7.12分别给出了城市

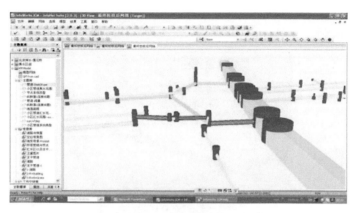

图7.8　管网模型图

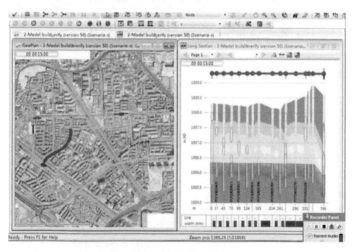

图7.9　运行结果图

图7.10　城市三维内涝开发效果展示图

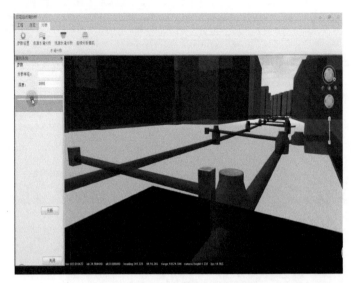

图 7.11　城市地下排水管线三维图

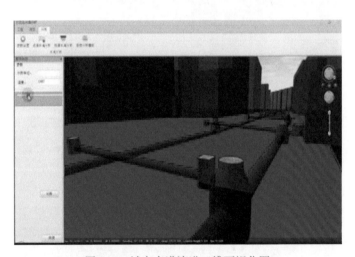

图 7.12　城市内涝演进三维可视化图

三维内涝开发效果展示图、城市地下排水管线三维图、城市内涝演进三维可视化图。

7.4.3　地下燃气管线信息模型

1. ReteGas简介

InfoWorks WS软件是华霖富公司Wallingford软件开发的功能软件之一，主要用于分析燃气管网（天然气或其他压缩气体）输送和燃气系统网络运行模拟。

InfoWorks WS是独立的软件平台。InfoWorks WS可以对燃气管网的所有信息进行管理，包括地理、几何等属性，燃气管网的压力控制设备和耗气量等。通过简单的操作，对燃气系统进行模拟计算，可以非常快速地计算整个系统的流量和压力分布。应用程序（基于ReteGas的计算引擎）会自动处理各种类别，因此可以在一个系统中集成低压、中压和高压等网络。InfoWorks WS的应用环境是简单、灵活并且直观的。其界面可以显示地面建筑，图表和管路以及位置，通过专题图直接显示分析结果。InfoWorks WS可以使用、导入和导出行业内的通用格式文件，如AutoCAD、ArcView/ArcGIS、MapInfo、Access、XLS等，并且可以轻松地导入来自其他平台的大量数据，将这些数据整合在统一的环境中，如地图数据、收费数据、SCADA数据信息、破损信息、压力测量等。

2. 燃气管线模型构建

1）模型基本方程

气体状态方程

理想气体状态方程：

$$PV = n \cdot R \cdot T \tag{7.3}$$

真实气体状态方程：

$$PV = z \cdot n \cdot R \cdot T \tag{7.4}$$

燃气压缩因子z取决于气体的组成、温度和压力。

z是按照Redlich-Kwong公式计算出的。

$$P = \frac{R \cdot T}{V - b} - \frac{a \cdot T^{-0.5}}{V \cdot (V + b)} \tag{7.5}$$

气体混合物由多个组件构成，系数a和b由式（7.6）和式（7.7）计算所得：

$$a = \left(\sum_i \sqrt{a_i} \cdot X_i \right)^2 = 0.42728 \cdot R^2 \left(\sum \frac{Tcr_i^{2.3/Z}}{Pcr_i} X_i \right)^2 \tag{7.6}$$

$$b = \sum_i b_i \cdot X_i = 0.08664 \cdot R \cdot \left(\sum_i \frac{Tcr_i \cdot X_i}{Pcr_i} \right) \tag{7.7}$$

从Redlich-Kwong公式可以知道：$V = \dfrac{z \cdot R \cdot T}{P}$。

从而可以得到：

$$P = \frac{R \cdot T}{\dfrac{z \cdot R \cdot T}{P} - b} - \frac{a \cdot T^{-0.5}}{\dfrac{z \cdot R \cdot T}{p} \left(\dfrac{z \cdot R \cdot T}{P} + b \right)} \tag{7.8}$$

计算出 z 的值，就可以解出这个方程。

只有真实的解决方案才具有物理意义。这是一个三种条件的公式，因此针对各类管网可以计算得到三种方案。

（1）在甲烷气体管网的情况下（温度比临界温度高），一种解决方案是真实的，其他两种解决方案是复杂的。

（2）在丁烷气体管网的情况下（混合物为气相，因为温度比临界温度低），三种解决方案都是真实的。

（3）中间设有一个非物理意义的参数来区别极端气相和极端液相的情况。

Fergusson's 公式

当我们考虑管线的两个部分时，采用公式（7.9）：

$$P_2^2 = e^{-s} \cdot P_1^2 - R \cdot L \cdot F^2 \tag{7.9}$$

其中：

$$R = \frac{1.68 \cdot 10^{-s} \cdot Ro_0 \cdot f \cdot T \cdot Z \cdot P_0}{T_0 \cdot D^s} \cdot \frac{1 - e^{-s}}{S} \tag{7.10}$$

$$S = \frac{1.96 \cdot 10^{-5} g \cdot (h_2 - h_1) \cdot \rho_0 \cdot z_0 \cdot T_0}{T \cdot z \cdot P_0} \tag{7.11}$$

层流（Reynolds 数 > 2300），摩擦系数 f 是根据 Colebrook 公式通过迭代计算的：

$$\frac{1}{\sqrt{f}} = -2 \cdot \ln\left(\frac{e}{3710 \cdot D} + \frac{2.51}{Re \cdot \sqrt{f}}\right) \tag{7.12}$$

层流（Reynolds 数 < 2300），摩擦系数 f 为

$$f = \frac{64}{Re} \tag{7.13}$$

注意：若管线的斜率小于 0.50%，则假定管线处于水平状态（$S=1$）。

Reynolds 数：Reynolds 数是惯性和黏性力之比。

在圆形横截面的情况下，Reynolds 数为

$$Re = \frac{V \cdot D}{v} = \frac{V \cdot D \cdot \rho}{\mu_1} = 1273 \cdot \frac{\rho_0}{D \cdot \mu_2} \cdot F \tag{7.14}$$

2）已有燃气管网与规划燃气管网的建立

首先建立网络，将 CAD 管网道路图作为背景图导入，以作为燃气管网网络参考图。绘制节点和管段，将节点的属性数据和管段的属性数据输入网络中（图7.13）。

3）建立需气量图表

设置用户需气量参数，需气量图表如图7.14所示。

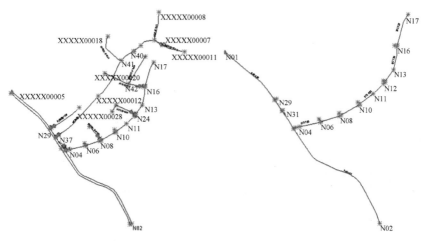

图7.13 已有和规划燃气管网拓扑图

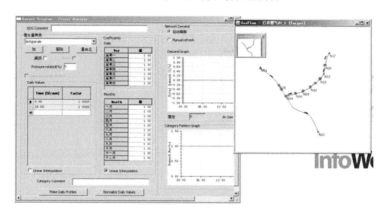

图7.14 需气量图表

4）燃气建模

燃气建模示意图如图7.15所示。

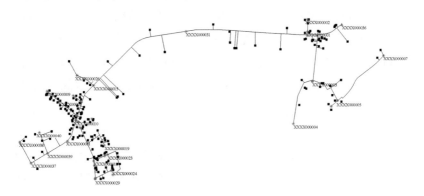

图7.15 燃气建模示意图

5）模型运行结果

燃气模拟运行结果如图7.16所示。

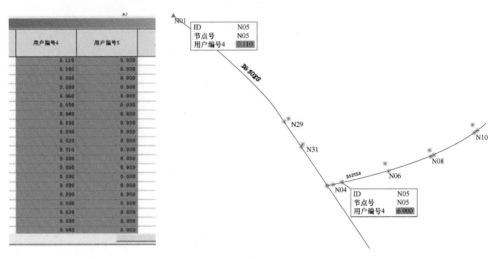

图7.16 燃气模拟运行结果

>>> 7.5 管线综合优化布局模型

7.5.1 影响因素分析

城市道路是联系各管线工程设施的纽带，是城市给水、排水、供电、燃气、供热、通信等管线敷设的载体。城市道路的坡向、坡度、标高将直接影响重力流管线的敷设；城市道路的路幅宽度、横断面形式应满足各类管线敷设的安全距离、防灾疏散的安全距离等。因此，在城市道路范围地下空间敷设管线时，首先要掌握区域内道路建设现状及规划情况、已建管线工程现状和各类管线规划资料等。规划资料及现状资料也是分析道路范围地下空间可用容量、开发利用情况，分析已建管线问题和规划设计道路范围地下空间内各类管线布局、规模、位置等的重要前提。另外，城市工程管线布置应与现状和规划的城市地铁、地下通道、人防工程等其他地下空间或设施进行协调。

城市各类地下管线系统的完备程度直接影响城市生活、生产等各项活动的开展，滞后或配置不合理的城市基础设施将严重阻碍城市的发展。因此，规划区域的用地现状、规划布局、发展规划等对管线未来的发展等有着重要的影响，也是调整管线专项规划、辅助综合管廊规划的重要内容。

另外，管线的敷设受到工程地质条件、自然地形及气候等环境的影响，如地形地貌、地下病害分布、地震灾害影响、冻土现状、高地下水位、流沙现象等。这些环境因素对管线敷设位置、覆土深度、安全防护措施等影响较大。城市工程管线布设时应充分利用地形，避开不良地带，避免受到山洪、泥石流及其他地质灾害的伤害。

综上所述，影响城市道路地下空间承载管线能力以及管线综合规划的因素主要包括三个方面：一是空间因素，包括管线敷设规范、现状及规划道路情况、已建地下空间设施、竖向规划、各专业管线现状及规划等；二是环境因素，包括地质条件、自然地形、区域气候等；三是社会因素，包括用地现状、规划布局、发展规划等。

基于以上影响因素的分析以及结合地下管线在道路地下空间范围内敷设的需求，从城市道路地下空间管线布局分析和城市道路交叉口管线竖向分析两个方面研究道路地下空间承载管线能力。

7.5.2　城市道路地下空间管线布局分析

城市管线综合平面规划是指在充分了解城市的整体规划和建设现状的前提下，以城市道路路网图、道路横断面图、单体管线规划图为基础，综合考虑经济、交通、安全、管线新修、检修等因素，将市政上的各个单体管线合理地布置在城市道路上的规划设计工作（白洋，2012）。

城市道路地下空间管线位置分析是在满足管线的使用功能、规范规定的覆土要求和间距要求的基础上，以最优化的布局方案，将需要布置在该路段的各种管线逐一配入道路横断面中。本节利用多目标规划法的通用原理，结合管线位置分析的目标及原则，建立以距道路中心线、相邻管线、树木根茎最远，同时管线用地最省的多目标规划模型，在满足多种约束的条件下，求出最优解，为管线综合规划设计提供定量化的分析方法和技术支撑。

1. 管线位置分布的约束条件

（1）目标约束：通过分析设计想要达到的理想状态，如管线的功能目标，即将给定数量、规模、类别的管线放入给定的道路地下空间里，调整位置，达到最优状态。在分析设计中，不仅要考虑近期需求，也要为日后新增管线预留充足空间。

（2）模式约束：指各专业管线的敷设顺序对布局空间产生的限制和影响。管线在平面和竖向空间上的敷设顺序一般都需要遵循规范要求，但特殊情况下可进行一定的调整。

（3）几何约束：现状约束和尺寸约束统称几何约束。在管线布置问题中，几何约束体现在：一是布局空间的几何约束，即管线的布局空间限定在沿路及路两侧绿化带或人行道下部空间，且在竖向空间必须满足最小覆土深度；二是管线的几何约束，即管线的几何形状和尺寸形成的约束限制，其占用空间量会对布局产生影响（高婧婧，2014）。

（4）管线位置约束：即各专业管线之间相对位置以及管线相对可敷设空间位置关系的限制。其主要表现在管线与管线之间的垂直相间、平行相邻和斜相交，以及管线与建（构）筑物之间都要满足最小距离的限制。管线位置约束条件应满足《城市工程管线综合规划规范》（GB 50289—2016）的相关要求。

（5）特性约束：包括对布局容器及布局物体特定属性的描述，如为避免电磁干扰，电力管线和通信管线尽量布置在相对较远的位置。

2. 多目标规划的目标内容

（1）根据管线布置原则，地下管线尽可能布置在人行道、非机动车道和绿化带下面，不得已时才考虑将检修次数较少和埋深较深的管道（如污水、雨水、给水管道等）布置在机动车道下面。从检修、施工、安全等角度考虑，距道路中心线的距离越远，管线布置越优。

（2）根据管线布置原则，充足的间隔可在邻近管线泄漏或出现故障时有保护作用，充足的间隔可将管线运行时相互之间的不利影响控制在合理范围内。距相邻管线距离越远，管线布置越优。例如，给水管道、热力管道等有压管道漏水时对土壤的冲刷力较大，可能对附近其他管线产生影响，较大的水平净距可降低此类危险发生的概率；最高工作温度为70℃的电缆导体，当环境土壤温度由25℃（基准环境温度）升高到35℃时，电缆的载流量下降12%，因此当热力管线与电力电缆较近时会导致电缆附近环境温度上升，从而降低电缆的输电能力。

（3）根据管线布置原则，管线不可与道路两侧树木过于靠近，树冠易与架空线路发生干扰，树根易与地下管线发生矛盾。由此可知，距树木根茎的距离越远，管线布置越优，且有利于施工和检修。

（4）根据管线布置原则（管线布置力求管线顺直、短捷、投资最省、占地最少）可知，管线用地最省是管线规划的重要目标之一。

7.5.3　城市道路交叉口管线综合竖向分析

城市道路交叉口管线综合竖向设计是指在城市道路交叉口范围内布置各种工程管线的空间位置，使各种管线间距既满足规范要求，又不影响各种管线正常运行。道路交叉口不仅是交通上车流、人流、货流矛盾的集中点，而且也是管线竖向综合上各种矛盾的突出体现。管线密集交叉的道路交叉口存在的问题格外严重。

传统的综合设计中，确定管线避让顺序一般遵循以下原则：

（1）新建管线避让已有管线；

（2）分支管线避让主干管线；

（3）临时管线避让永久管线；

（4）压力管线避让重力自流管线；

（5）管径小的管线避让管径大的管线；

（6）可弯曲或易弯曲管线避让难以弯曲或不易弯曲管线；

（7）施工过程中，工程量小的管线避让工程量大的管线；

（8）检修次数少的、检修方便的管线，避让检修次数多的、检修不方便的管线。

以上原则一直是传统管线综合设计所必须遵循的原则，但是该原则倚重于定性分析，要依靠设计经验来判断，会受到主观因素的影响。该原则虽然适用于大多数情况，但是在一些特定的情况下，该原则也不能进行有效判定，如（1）（5）原则，若新修的管线为大管径，与原有的小管径管线发生冲突，则原则之间出现矛盾，无法判断避让顺序；再如（2）（6）原则，若市政给水的分支管线与市政通信的主干管线发生冲突，一般认为通信管线比给水管线易弯曲，但通信管线为主干管线，给水管线为分支管线，两种原则发生矛盾，无法判断避让顺序（郝琦，2014）。

常用的道路交叉口管线综合竖向设计的方法有最小埋深法、逐层递进法、综合平衡法等，各类方法各有利弊。基于以上各种原则之间可能发生的矛盾关系，为防止主观人为因素对管线综合方案的干扰，研究采用"点-线分析法"，将定性分析与定量分析相结合，以保证分析的科学性和合理性。

管线综合涉及的因素较多，其宏观层面的主要因素是经济因素、安全因素、交通因素、便捷因素。具体包括：管材单价、埋设深度、对检修的要求、对管网安全的影响程度、对道路交通的影响程度及对管线施工的影响程度六个方面。城市道路交叉口管线综合竖向分析首先针对以上六个方面建立评价要素集，然后采用Delphi法确定因素集的权重，再用意见集中排序法中的Blin法进行排序，得到管线的设计顺序。

Blin法是综合各种意见后计算得到最优结果的一种方法，它的优点是对样本量的需求较少，适于确定城市市政管线的避让顺序。采用Blin法计算完管线的设计顺序并分析后，可以推演出这样一种"点-线"设计思路，即布置完成雨污水管线、电力管线后，先找出对下面布置管线管底标高具有决定性的管线的控制点，再根据控制点进行管线竖向布置。布置完同种管线后，继续按照管线的设计顺序布置直至结束。

结合以上规则，选出常用管线综合设计中的设计顺序，即依次布置排水管、电力管线、给水管线、中水管线、燃气管线、热力管线和通信管线。这样既保证了自上而下的施工顺序，又确保了易弯曲的管线避让不易弯曲的管线。

7.5.4　综合管廊规划道路适宜性评价方法

《城市工程管线综合规划规范》（GB 50289—2016）规定了综合管廊敷设的适用情况，包括：交通流量大或地下管线密集的城市道路以及配合地铁、地下道路、城市地下综合体等工程建设地段；高强度集中开发区域、重要的公共空间；道路宽度难以满足直埋或架空敷设多种管线的路段；道路与铁路或河流交叉处或管线复杂的道路交叉口；不宜开挖路面的地段。

基于以上规范要求，在评估道路承载管线能力的基础上，结合GIS平台，通过点、线、面多因素评判，评价综合管廊规划道路的适宜性，对可以建设综合管廊的道路进行评价分级，从而为综合管廊规划提供基础支撑。

1. 点要素

点要素主要考虑用户连接度和地下综合体中心。首先，若能在变电站、热电厂或净水厂等管线起始端接入综合管廊系统，则能够更好地保障管网的安全运行，提高供应的安全性；其次，地下综合体中心敷设范围内建设综合管廊能够统筹安排地下综合体的供应，提高效率，同时也能与地下综合体同步建设，提高地下空间的利用率。点要素的分析方法主要是结合GIS平台的缓冲区分析功能，给出一定的缓冲参数，从而确定要素敷设的有效范围。

2. 线要素

线要素主要包括道路属性、管线规划、地下交通设施、道路建设时序以及管线密集程度的分析结果。

道路作为综合管廊规划建设的载体，是需要最先确定的要素，其属性主要包括道路的等级以及道路的宽度。城市道路宽度越宽，越有利于施工，道路属性的分析方法是在GIS平台中建立道路等级与道路宽度的属性库，满足一定条件的道路可作为规划地下综合管廊的载体。

管线规划过程中通过计算现状以及规划的各类管线的管线压力、管径等的规模，确定是否规划综合管廊。具体计算过程为运用GIS平台的叠置分析功能，分析选定道路下的各类管线长度，若规划管线长度占道路长度的比例大于一定比例，即可考虑规划综合管廊。

从城市道路地下空间承载管线能力分析的结果中可以找出管线密集的道路，将其作为优先规划综合管廊的依据。

道路新建、改扩建的建设时序，以及轨道交通线路、地下快速路等交通设施的建设规划等，都可以作为规划建设综合管廊重点考虑的因素。

3. 面要素

面要素主要指地块的属性，包括居住用地、公共管理与公共服务设施用地、商业服务业设施用地、工业用地、物流仓储用地、绿地与广场用地等。面要素的分析主要是基于GIS的缓冲区分析功能，对筛选出的道路两侧服务地块的面积及所属用地分类进行统计，计算不同地块类型在道路缓冲区范围内所占的面积百分比，再依据百分比情况给各类地块赋值，最后计算道路服务范围的分值。

对点、线、面要素分别评价之后，将道路属性、管线规划、地下属性、地下空间开发等要素进行综合评价，得出规划综合管廊道路建议。

>>> 7.6 结果与讨论

针对管线密度增加、管位紧张、安全风险突出等问题，面向各类管线专项规划和城市工程管线综合规划的实际需求，构建"预测－模拟－优化"分层建模的城市地下管线综合布局模型。建立典型管线不同用户（用地类型）的需求分类预测模型；通过水力时空建模和InfoWorks ICM软件进行典型管网运行模拟，实现管线需求预测；通过管线影响因素及其作用机理分析，明确管线布局的目标、模式、几何、位置、特性等多重约束条件，建立管线优化布局模型，实现管线布置原则和交叉口管线综合竖向分析，以及管线高密度区域综合管廊规划道路适宜性评价。采用分层建模方法，实现"需求预测—运行模拟—综合布局优化"的有机结合，建立地下管线综合布局模型。

参 考 文 献

白洋. 2012. 城市工程管线综合规划设计关键技术研究. 西安：西安建筑科技大学.

高婧婧. 2014. 市政工程管线综合规划优化研究. 天津：天津大学.

郝琦. 2014. 城市历史街区的三维地下管网综合设计研究. 西安：西安建筑科技大学.

李建勇. 2014. InfoWorks ICM 在城市排水系统分析中的应用. 中国给水排水, 30（8）：21-24.

任学焘. 2013. 浅析城市给水工程规划设计的要点. 城市建设理论研究（电子版），（25）：283-284.

孙俊华，杨楠. 2013. 市政管线综合规划浅析. 科学时代，（6）：6-7.

唐俊平，张文中，李正兆. 2014. 城市地下管线综合规划编制思路探讨. 办公自动化，（S1）：43-44.

田巍. 2013. 地下管线与城市地下空间规划. 城市建设理论研究（电子版），（32）：1-5.

王建辉. 2006. 基于 GIS 的小城镇压力管网规划设计系统模型研究. 重庆：重庆大学.

叶素萍. 2012. 浅谈城市地下管线的综合规划及管理. 知识经济，（13）：70.

袁丹. 2001. 建筑小区工程管线综合研究. 重庆：重庆大学.

第8章
系统设计与实现

针对地下空间设施及影响地下空间开发利用要素的数据及管理情况，基于地下空间规划开发承载力评价的实际需求，采用先进的空间分析技术、制图技术、GIS技术、数据库管理技术等，建立一个实用、安全、可靠、高效的地下空间规划开发承载力评价系统，实现地下空间资源的高效管理和科学评价，为城市总体规划、地下空间专项规划提供决策支持，并同步建立地下空间资源评价要素采集及入库标准，规范数据采集要求，实现地下空间资源评价要素数据的规范化管理。

8.1 设计原则

8.1.1 先进性原则

在技术上，采用当前先进且成熟的技术，使设计更加合理、更为先进。选用的软件平台不仅是现阶段成熟的先进产品，而且是同类产品的主流，符合今后的发展方向；在软件开发思想上，严格按照软件工程的标准和面向对象的理论来设计、管理和开发，保证系统开发的高起点（朱四新，2006）。

8.1.2 实用性原则

作为一个应用系统，实用性是系统的运行效果和生命力最重要的影响因素，也是一个严谨的系统开发者要无条件遵循的原则。在系统的规划建设中，要立足于实际情况，充分考虑目前各种用户的实际需求，切实满足功能和性能方面的要求，并且切实结合目前现有数据和设备情况，尽可能充分利用现有资源，节约投资。

系统的建立要从用户需求出发，在详细的用户需求分析的基础上确保数据的完备性，以保证数据信息和功能模块能满足用户的需要。系统操作要求尽量简单，采用友好的人机对话界面，方便用户随时调用。系统的用户界面友好：以用户为中心，采用直接交互方式，让用户始终控制系统的运行。系统需要具备良好的辅助功能，引导用户开展工作，同时要对用户的误操作提供可能的解决办法。

8.1.3 可靠性原则

系统可靠是一个优秀系统的必要特征，系统有效的安全保护措施是应急救援系统的主要性能指标之一。可靠性应作为系统建设的首要出发点。系统必须要保证其信息的安全性，严格各种权限管理，充分考虑权限和数据保密等情况，防止不合法的使用所造成的数据泄漏、修改或破坏，并提供数据备份功能，进行数据的备份。在考虑系统的组网时，应选用高可靠性的产品和技术，充分考虑现有业务的实际情况和系统可能出现的情况，提高整个系统的应变能力和容错能力，确保整个系统的安全和可靠（尹承娟，2016）。系统软件要具有较强的容错能力，使整个软件系统不易崩溃和受破坏，并具有良好的备份和恢复能力。软件本身还需要对用户进行多重定义。

8.1.4 高效性原则

在系统设计、开发和应用时，应从系统结构、技术措施、软硬件平台、技术服务和维护相应能力等方面综合考虑，确保系统具有较高的性能和较低的故障率。系统建成后能长期运行，数据库的维护有专门的更新途径和配套业务流程。

≫≫ 8.2 设计规范

8.2.1 设计依据

本书系统设计主要依据下列标准：
《计算机软件文档编制规范》（GB/T 8567—2006）；
《软件文档管理指南》（GB/T 16680—1996）；

《信息技术软件工程术语》(GB/T 11457—2006);

《计算机软件开发规范》(GB/T 8566—1995);

《城市基础地理信息系统技术规范》(CJJ 100—2004);

《城市地理信息系统设计规范》(GB/T 18578—2008);

《城市地下空间设施分类与代码》(GB/T 28590—2012);

《城市用地分类与规划建设用地标准》(GB 50137—2011);

《地理空间数据库访问接口》(GB/T 30320—2013);

《基础地理信息数据库基本规定》(GB/T 30319—2013);

《基础地理信息数据库建设规范》(GB/T 33453—2016)。

8.2.2 命名约定

1. 命名空间的命名

命名空间(namespace):用namespace关键字命名一个命名空间。在命名空间的命名中不能包含任何访问修饰符。命名空间可以帮助控制类名称和方法名称的范围,防止命名冲突。

2. Class 的命名

Class的命名必须由一个大写字母开头、其他字母为小写的单词构成。Class的命名要用完整的单词,避免使用缩写词[除非该缩写词被更广泛使用,像URL(uniform resource locator)、HTML(hypertext markup language)]。

接口以大写的"I"开头,以实现与普通Class的区分。

3. Class 变量的命名

变量名应选用易于记忆、简短、富于描述并能够指出其用途的单词。单词不应以下划线或美元符号开头。

一般不得取单个字符(如i、j、k等)作为变量名,局部循环变量除外。变量名采用大小写混合的方式,第一个单词的首字母小写,其后单词的首字母大写(龚薇华,2006)。

float myWidth。

常量(constants)的声明,应该全部大写,单词间用下划线隔开。

static final int MIN_WIDTH=4;

static final int MAX_WIDTH=999;

static final int GET_THE_CPU=1。

变量命名时应遵循如下规则（王洋博，2005）：

（1）尽量使用完整的英文描述符；

（2）采用适用于相关领域的术语；

（3）大小写混合，使名字可读；

（4）尽量少用缩写，但如果用了，要明智地使用，且要在整个工程中统一；

（5）避免使用长的名字（建议少于15个字母）；

（6）避免使用类似的名字，或者仅仅是大小写不同的名字；

（7）避免使用下划线（除常量等）；

（8）避免直接使用数字常量，提高代码可读性。

4. 方法的命名

方法的命名应当能体现方法的作用，必须用小写字母开头的单词组合而成，且应当使用"动词"或者"动词＋名词"（动宾词组）。

方法的命名力求清晰明了，通过方法名就能够判断方法的主要功能。多个单词组合而成的方法名中，第一个单词后面的单词采用大小写字母结合的形式（首字母大写），但专有名词不受限制。单词间不用下划线连接。

获取性方法的命名有两种：一种是判断性的操作（获取属性的状态，返回值为bool），如判断某些控件的状态等，对于这些操作，应当以is为方法命名的开头。另外一种是获取返回值的操作，对于这种操作，应当以get开头。

属性设置性的方法命名以set开头，后紧跟属性名。

to型方法：表示类型转换的方法一般用to开头。

5. 参数的命名

参数的命名必须与变量的命名规范一致。

6. 数组的命名

数组应该用下面的方式来命名：

byte［ ］buffer；

而不是：

byte buffer［ ］；

7. 方法的参数

使用有意义的参数来命名，名字尽量和将要赋值的字段一致。例如：

setCounter（int size）{

　　this.size＝size；

}

8.2.3 界面约定

1. 总体约定

一致性是用户界面设计的总体原则,也是设计规范遵循的最高原则。用户界面中的控件、信息提示措辞、界面配色等都要遵循统一的标准,满足一致性的要求。

总体设计规范只提供原则性的规范,具体的内容在每个应用系统开发启动之前由系统小组根据应用系统自身的特点、系统用户对象的特点等信息进行确认,然后在应用系统设计和开发过程当中执行。

2. 总体原则

各个系统均遵循图形化用户界面(GUI)设计原则,满足界面直观、功能醒目、易于操作等要求。

1)界面直观

界面简单明了,让用户一目了然。设计上尽量参考用户熟悉的界面,如Windows界面,让用户有熟悉感。

2)功能醒目

功能操作部分应该放在明显的位置,符合用户操作习惯,操作项尽量集中显示。界面控件位置摆放一致,不要给用户闪烁的感觉。颜色设计要醒目,但不能刺眼。

3)易于操作

尽量减少用户操作次数,避免对同一功能项重复操作,适当采用批量操作的方式。操作要求简单、快速、高效。菜单设计控制在三层以内,避免多层次的嵌套操作迷惑用户。

4)较快的响应速度

要尽量避免臃肿的界面设计,以保证系统的响应速度。

3. 界面一致性原则

各个系统之间保持界面风格相似,各个系统内部保持界面风格一致。

1)操作环境内的一致

保持系统提供的交互操作和界面约定之间的高度一致,使用户能很快熟悉软件的使用方法。

2)提供可视反馈

后台运行长进程时(时间超过1~10s,视具体情况而定),必须提供进度条等加载信息指示。

3）除非特别必要时，否则不提供声音反馈

当有严重的问题发生时，使用声音来提示用户，但是允许用户取消声音。

4）保持文字内容清楚

信息的表达要言简意赅，易于理解而又不啰嗦，避免使用冗长的文字。

4. 程序编写规范

1）首先是人为编写程序，其次才是计算机

这是软件开发的基本要点，软件的生命周期贯穿产品的开发、测试、生产、用户使用、版本升级和后期维护等长期过程，只有易读、易维护的软件代码才具有生命力。

2）保持代码的简明清晰，避免过分的编程技巧

简单的代码是最美的。保持代码的简单化是软件工程化的基本要求。不要过分追求技巧，否则会降低程序的可读性。

3）编程时以内部规范为准

内部规范没有规定的内容可参考《C#编程指南》（飞思科技产品研发中心，2002）。

4）保持一致性，尽量使用相同的规则

5）尽可能复用、修正原有的代码

尽量选择可借用的代码，对其修改优化以达到自身要求。

6）尽量减少同样错误出现的次数

事实上，我们无法做到完全消除错误，但通过不懈的努力，可以减少同样错误出现的次数。

>>> 8.3　系统设计描述

8.3.1　总体软件构成

软件系统采用面向服务架构（SOA）及 Web Service 等组件化技术，系统架构如图 8.1 所示。

对于软件系统来说，常常需要处理跨模块、跨软件甚至跨平台的会话，为了实现"高内聚、低耦合"的设计目标，把问题细分后再各自解决，因此系统

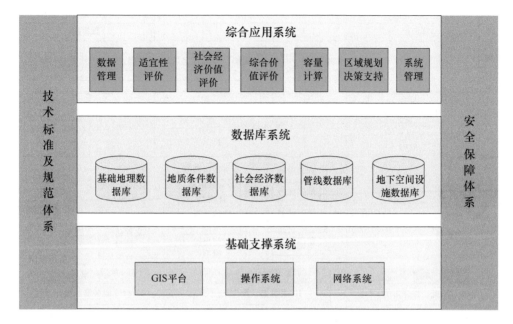

图8.1 系统架构

基于先进的多层体系架构模型和SOA架构模型，建立基础构件和业务通用构件为应用的快速构建提供支持。开放的体系架构及规范的构件管理架构与应用集成模式支持不断扩充的系统需求，并提供个性化的用户定制模式进行应用系统的开发、维护及使用（周文平，2014）。

系统功能需要构筑由多个层次组成的分布式系统，包括前端的客户端、后端的数据资源端和中间层，实现新的服务功能和数据与已有业务管理系统的结合。程序的重复使用是一项关键优势，因为它可以降低开发成本。服务的重复使用长期作用于减少企业中冗余的功能，简化基础架构，从而降低维护代码的成本。按服务的使用者来组织应用程序，与传统的编程技术相比，可获得一个更加灵活敏捷的集成模型，从而可以迅速修改业务流程模型。

系统分层包含两种含义：一种是物理分层，即每一层都运行在单独的机器上，这意味着创建分布式的软件系统；另一种是逻辑分层，指的是在单个软件模块中完成特定的功能。软件系统根据不同的要求，进行这两种分层。

从总体上来分析，软件系统形成以下层次性的总体技术架构设计，如图8.2所示。

8.3.2 应用服务架构

面向服务架构（SOA）是一种复杂松散型应用环境下的集成框架设计方法，

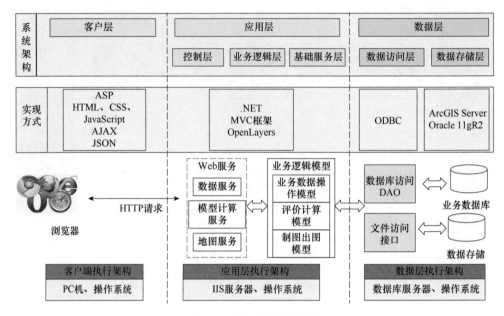

图 8.2　总体技术架构设计

被认为是松耦合、柔性化的先进IT架构，代表了新的技术方向。SOA理论强调系统功能的服务化封装和复用，强调服务的可组装性。在软件系统内，各系统组件间以及整个系统对外的服务架构设计上运用SOA理论，可实现整个系统内部组件间的标准连通，并可对外提供全方位的一致的服务（图8.3）。遵循SOA标准的各组成部分接口明确且稳定，功能独立，可以很容易地被支持相同规约的其他服务部件所取代，因而也十分便于整个系统的集成和维护（周鸿喜等，2011）。

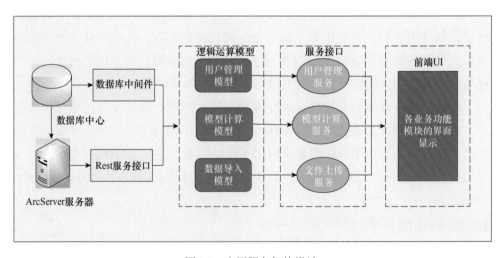

图 8.3　应用服务架构设计

8.3.3 数据库架构

软件系统涉及的数据可分为业务数据、模型数据、系统管理数据3类（图8.4）。

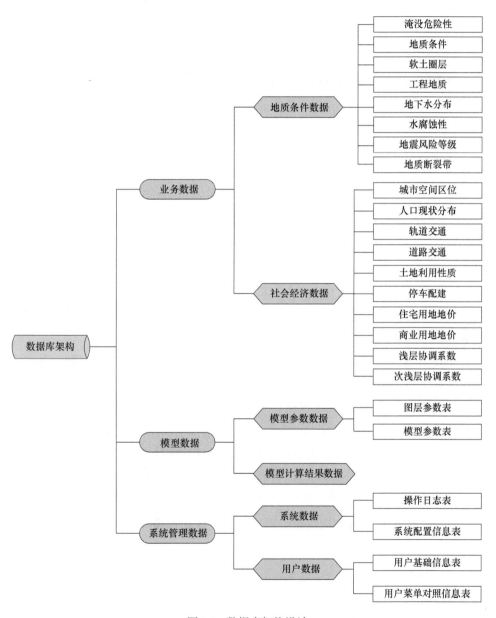

图 8.4 数据库架构设计

1. 业务数据

业务数据包括地质条件数据和社会经济数据。地质条件数据包括：淹没危险性、地质条件、软土圈层、工程地质、地下水分布、水腐蚀性、地震风险等级、地质断裂带；社会经济数据包括：城市空间区位、人口现状分布、轨道交通、道路交通、土地利用性质、停车配建、住宅用地地价、商业用地地价、浅层协调系数、次浅层协调系数。

2. 模型数据

模型数据包括模型参数数据和模型计算结果数据。模型参数数据包括：图层参数表、模型参数表。

3. 系统管理数据

系统管理数据包括系统数据和用户数据。系统数据包括：操作日志表、系统配置信息表等；用户数据包括：用户基础信息表、用户菜单对照信息表等。

>>> 8.4 系统功能设计

系统由数据管理、评价系统、容量计算、规划决策、系统管理等功能来共同满足业务需求。

数据管理主要功能模块包括：数据导入、数据编辑、属性查询、几何查询、统计分析、数据浏览等。

评价系统主要功能模块包括：模型查看、评价更新、统计分析、制图出图、评价结果、要素查询等。

容量计算主要功能模块包括：系数修改、容量统计、制图出图等。

规划决策主要功能模块包括：数据管理、区域分析、整体设计、功能设计、布局设计等。

系统管理主要功能模块包括：用户管理、日志管理等（图8.5）。

8.4.1 数据管理

数据管理主要包括数据导入、数据编辑、属性查询、几何查询、统计分析、数据浏览等功能，如图8.6所示。

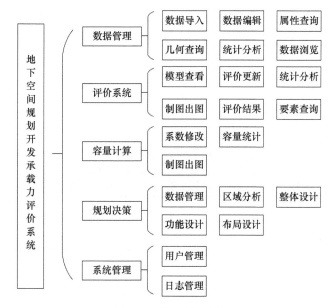

图8.5　系统功能划分

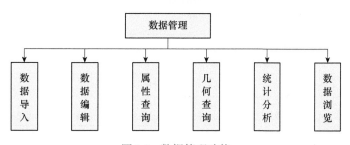

图8.6　数据管理功能

1. 数据导入

数据导入功能可实现业务矢量数据导入，具体描述见表8.1。

表8.1　数据导入功能设计

功能编号	1-1
功能名称	数据导入
功能描述	导入业务矢量数据，数据格式为SHP
操作数据流描述	（1）点击数据导入按钮，弹出数据导入对话框； （2）点击选择按钮，选择要导入的SHP文件，然后点击导入按钮； （3）读取数据，根据SHP数据中的必要字段，验证该数据是否为当前需要导入的数据，如果为"否"则提示验证该数据是否存在，如果为"是"则提示是否替换原数据； （4）选是，则对所选择的数据进行导入并替换
例外及相应处理	（1）导入业务矢量数据时异常，捕获错误并提示原因； （2）保存业务矢量数据，捕获错误并提示原因； （3）其他异常，将错误信息记录到日志，供系统用户查阅

2. 数据编辑

数据编辑功能主要实现对业务数据的编辑，见表8.2。

表8.2 数据编辑功能设计

功能编号	1-2
功能名称	数据编辑
功能描述	编辑业务矢量数据属性表
操作数据流描述	（1）点击数据编辑按钮，出现属性表页面，显示原有信息； （2）点击属性表中的一条数据记录，缩放到该数据所在位置； （3）修改属性表内容并保存，返回列表，列表显示更新记录
例外及相应处理	（1）读取业务矢量数据时异常，捕获错误并提示原因； （2）保存业务矢量数据，捕获错误并提示原因； （3）其他异常，将错误信息记录到日志，供系统用户查阅

3. 属性查询

属性查询功能要根据字段查询属性数据，见表8.3。

表8.3 属性查询功能设计

功能编号	1-3
功能名称	属性查询
功能描述	根据字段查询属性数据
操作数据流描述	（1）点击属性查询按钮，弹出属性查询对话框； （2）选择需要查询的字段和值，点击查询按钮； （3）读取数据，根据字段和值验证该记录是否存在，如果存在则弹出表格展示查询结果
例外及相应处理	（1）后台捕获异常； （2）其他异常，转到错误处理页面，提示出错原因

4. 几何查询

几何查询功能可以点击鼠标绘制任意多边形，查询所选区域内的相关矢量数据的有关属性信息，见表8.4。

表8.4 几何查询功能设计

功能编号	1-4
功能名称	几何查询
功能描述	根据任意多边形查询属性数据
操作数据流描述	（1）点击几何查询按钮，然后在页面上单击鼠标绘制任意多边形； （2）双击鼠标即完成绘制，若与该多边形相交的矢量数据有属性信息，则弹出表格展示查询结果
例外及相应处理	（1）后台捕获异常； （2）其他异常，转到错误处理页面，提示出错原因

5. 统计分析

统计分析功能主要根据相关字段生成统计结果，见表8.5。

表8.5 统计分析功能设计

功能编号	1-5
功能名称	统计分析
功能描述	根据字段统计相应的信息
操作数据流描述	（1）点击统计分析按钮，弹出统计分析对话框； （2）选择需要统计分析的字段和值，点击统计按钮； （3）读取数据，判断字段和值统计结果是否存在，如果存在则弹出图表展示查询结果
例外及相应处理	（1）后台捕获异常； （2）其他异常，转到错误处理页面，提示出错原因

6. 数据浏览

数据浏览功能可浏览业务矢量数据的属性信息，见表8.6。

表8.6 数据浏览功能设计

功能编号	1-6
功能名称	数据浏览
功能描述	浏览业务矢量数据的属性信息
操作数据流描述	（1）点击数据浏览按钮，然后在页面上单击业务矢量数据； （2）判断该属性是否存在，如果存在则弹出表格展示属性信息
例外及相应处理	（1）后台捕获异常； （2）其他异常，转到错误处理页面，提示出错原因

8.4.2 适宜性评价

适宜性评价分为要素评价和综合评价，如图8.7所示。

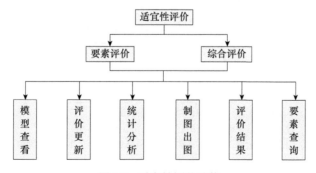

图8.7 适宜性评价功能

1. 模型查看

模型查看功能可以查看模型的基本参数，并对模型中的权重进行修改，对不同权重计算结果进行对比分析，为模型改进提供支持，见表8.7。

表8.7　模型查看功能设计

功能编号	2-1
功能名称	模型查看
功能描述	查看并修改适宜性评价模型
操作数据流描述	（1）点击模型修改按钮，弹出模型修改对话框； （2）根据需要修改模型中要素的权重值； （3）点击保存，检验权重相加是否为1，若为1，则保存数据库，反之，则提示并继续修改
例外及相应处理	（1）后台捕获异常； （2）其他异常，转到错误处理页面，提示出错原因

2. 评价更新

当数据发生变化或模型权重、指标发生变化时，可以通过评价更新功能，给出最新的计算结果，并保存每次计算结果，见表8.8。

表8.8　评价更新功能设计

功能编号	2-2
功能名称	评价更新
功能描述	更新适宜性评价结果
操作数据流描述	点击评价更新，判断是否有最新修改的模型，若有，则更新适宜性评价结果，反之，则保留现有的适宜性评价结果
例外及相应处理	（1）后台捕获异常； （2）其他异常，转到错误处理页面，提示出错原因

3. 统计分析

按照不同字段或评价值对评价指标及综合评价结果进行统计分析，为决策分析提供数据支撑，见表8.9。

表8.9　统计分析功能设计

功能编号	2-3
功能名称	统计分析
功能描述	对适宜性评价结果进行统计分析
操作数据流描述	（1）点击统计分析按钮，弹出统计分析对话框； （2）选择需要统计分析的字段和值，点击统计按钮； （3）读取数据，判断字段和值统计结果是否存在，如果存在则弹出图表展示查询结果
例外及相应处理	（1）后台捕获异常； （2）其他异常，转到错误处理页面，提示出错原因

4. 制图出图

将评价结果以图片、PDF文档等形式导出，见表8.10。

表8.10　制图出图功能设计

功能编号	2-4
功能名称	制图出图
功能描述	对适宜性评价结果进行制图出图
操作数据流描述	点击进入需要制图出图的评价结果，然后点击制图出图按钮，根据预先定义的制图模板，选择导出图片位置，即可完成出图
例外及相应处理	（1）后台捕获异常； （2）其他异常，转到错误处理页面，提示出错原因

5. 评价结果

评价结果功能设计见表8.11。

表8.11　评价结果功能设计

功能编号	2-5
功能名称	评价结果
功能描述	查看适宜性评价结果
操作数据流描述	（1）点击评价结果按钮，弹出评价结果对话框，根据用户和时间列出评价结果的历史记录； （2）在每一条历史记录后面有查看和删除按钮，可以根据需要对历史记录进行查看或删除
例外及相应处理	（1）后台捕获异常； （2）其他异常，转到错误处理页面，提示出错原因

6. 要素查询

要素查询功能主要查询适宜性评价的要素信息，见表8.12。

表8.12　要素查询功能设计

功能编号	2-6
功能名称	要素查询
功能描述	查询适宜性评价的要素信息
操作数据流描述	（1）点击要素查询按钮，然后在页面上单击适宜性评价地块数据； （2）根据参与适宜性综合评价的要素，弹出表格展示评价的要素信息表
例外及相应处理	（1）后台捕获异常； （2）其他异常，转到错误处理页面，提示出错原因

8.4.3   社会经济价值评价

社会经济价值评价包括要素评价和综合评价两个方面，具体包括模型修改、评价更新、统计分析、制图出图、评价结果、要素查询等功能，如图8.8所示。

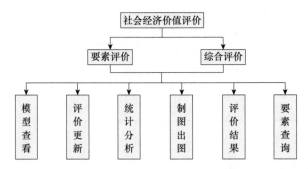

图8.8   社会经济价值评价功能

1. 模型查看

模型查看可以查看模型的基本参数，并可根据实际情况对社会经济价值评价模型修改参数、权重等，见表8.13。

表8.13   模型查看功能设计

功能编号	3-1
功能名称	模型修改
功能描述	查看并修改社会经济价值评价模型
操作数据流描述	（1）点击模型修改按钮，弹出模型修改对话框； （2）根据需要修改模型中要素的权重值； （3）点击保存，检验权重相加是否为1，若为1，则保存数据库，反之，则提示并继续修改
例外及相应处理	（1）后台捕获异常； （2）其他异常，转到错误处理页面，提示出错原因

2. 评价更新

评价更新功能主要根据数据变化、模型修改等对评价结果进行更新，见表8.14。

表8.14   评价更新功能设计

功能编号	3-2
功能名称	评价更新
功能描述	更新社会经济价值评价结果
操作数据流描述	点击评价更新，判断是否有最新修改的模型，若有，则更新社会经济价值评价结果，反之，则保留现有的社会经济价值评价结果
例外及相应处理	（1）后台捕获异常； （2）其他异常，转到错误处理页面，提示出错原因

3. 统计分析

统计分析功能主要根据相关字段进行多维统计分析，见表8.15。

表8.15 统计分析功能设计

功能编号	3-3
功能名称	统计分析
功能描述	对社会经济价值评价结果进行统计分析
操作数据流描述	（1）点击统计分析按钮，弹出统计分析对话框； （2）选择需要统计分析的字段和值，点击统计按钮； （3）读取数据，判断字段和值统计结果是否存在，如果存在则弹出图表展示查询结果
例外及相应处理	（1）后台捕获异常； （2）其他异常，转到错误处理页面，提示出错原因

4. 制图出图

制图出图功能是对社会经济价值评价结果进行制图并导出，见表8.16。

表8.16 制图出图功能设计

功能编号	3-4
功能名称	制图出图
功能描述	对社会经济价值评价结果进行制图出图
操作数据流描述	点击进入需要制图出图的评价结果，然后点击制图出图按钮，根据预先定义的制图模板，选择导出图片位置，即可完成出图
例外及相应处理	（1）后台捕获异常； （2）其他异常，转到错误处理页面，提示出错原因

5. 评价结果

评价结果功能主要查看已经完成的评价结果，见表8.17。

表8.17 评价结果功能设计

功能编号	3-5
功能名称	评价结果
功能描述	查看社会经济价值评价结果
操作数据流描述	（1）点击评价结果按钮，弹出评价结果对话框，根据用户和时间列出评价结果的历史记录； （2）在每一条历史记录后面有查看和删除按钮，可以根据需要可以对历史记录进行查看或删除
例外及相应处理	（1）后台捕获异常； （2）其他异常，转到错误处理页面，提示出错原因

6. 要素查询

要素查询功能可以查询社会经济价值评价的要素信息，见表8.18。

表8.18　要素查询功能设计

功能编号	3-6
功能名称	要素查询
功能描述	查询社会经济价值评价的要素信息
操作数据流描述	（1）点击要素查询按钮，然后在页面上单击社会经济价值评价地块数据； （2）根据参与社会经济价值综合评价的要素，弹出表格展示评价的要素信息表
例外及相应处理	（1）后台捕获异常； （2）其他异常，转到错误处理页面，提示出错原因

8.4.4　综合价值评价

综合价值评价主要包括模型修改、评价更新、统计分析、制图出图、评价结果、要素查询等功能，如图8.9所示。

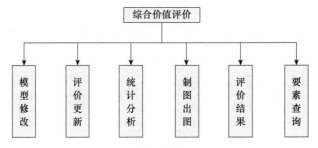

图8.9　综合价值评价功能

1. 模型修改

模型修改功能主要是实现综合评价模型修改等基本功能，见表8.19。

表8.19　模型修改功能设计

功能编号	4-1
功能名称	模型修改
功能描述	修改综合价值评价模型
操作数据流描述	（1）点击模型修改按钮，弹出模型修改对话框； （2）根据需要修改模型中要素的权重值； （3）点击保存，检验权重值相加是否为1，若为1，则保存数据库，反之，则提示并继续修改
例外及相应处理	（1）后台捕获异常； （2）其他异常，转到错误处理页面，提示出错原因

2. 评价更新

评价更新功能是根据模型参数修改情况进行评价更新，见表8.20。

表8.20　评价更新功能设计

功能编号	4-2
功能名称	评价更新
功能描述	更新综合价值评价结果
操作数据流描述	点击评价更新按钮，判断是否有最新修改的模型，若有，则更新综合价值评价结果，反之，则保留现有的综合价值评价结果
例外及相应处理	（1）后台捕获异常； （2）其他异常，转到错误处理页面，提示出错原因

3. 统计分析

统计分析功能是对综合价值评价结果进行统计分析，见表8.21。

表8.21　统计分析功能设计

功能编号	4-3
功能名称	统计分析
功能描述	对综合价值评价结果进行统计分析
操作数据流描述	（1）点击统计分析按钮，弹出统计分析对话框； （2）选择需要统计分析的字段和值，点击统计按钮； （3）读取数据，判断字段和值统计结果是否存在，如果存在则弹出图表展示查询结果
例外及相应处理	（1）后台捕获异常； （2）其他异常，转到错误处理页面，提示出错原因

4. 制图出图

制图出图功能是对综合价值评价结果进行制图并导出，见表8.22。

表8.22　制图出图功能设计

功能编号	4-4
功能名称	制图出图
功能描述	对综合价值评价结果进行制图出图
操作数据流描述	点击进入需要制图出图的评价结果，然后点击制图出图按钮，根据预先定义的制图模板，选择导出图片位置，即可完成出图
例外及相应处理	（1）后台捕获异常； （2）其他异常，转到错误处理页面，提示出错原因

5. 评价结果

评价结果功能是查看综合价值评价结果，见表8.23。

表8.23　评价结果功能设计

功能编号	4-5
功能名称	评价结果
功能描述	查看综合价值评价结果
操作数据流描述	（1）点击评价结果按钮，弹出评价结果对话框，根据用户和时间列出评价结果的历史记录； （2）在每一条历史记录后面有查看和删除按钮，可以根据需要对历史记录进行查看和删除
例外及相应处理	（1）后台捕获异常； （2）其他异常，转到错误处理页面，提示出错原因

6. 要素查询

要素查询功能主要是查询综合价值评价的要素信息，见表8.24。

表8.24　要素查询功能设计

功能编号	4-6
功能名称	要素查询
功能描述	查询综合价值评价的要素信息
操作数据流描述	（1）点击要素查询按钮，然后在页面上单击综合价值评价地块数据； （2）根据参与综合价值评价的要素，弹出表格，展示评价的要素信息表
例外及相应处理	（1）后台捕获异常； （2）其他异常，转到错误处理页面，提示出错原因

8.4.5　容量计算

容量计算分为开发现状计算、可用容量计算等内容，如图8.10所示。

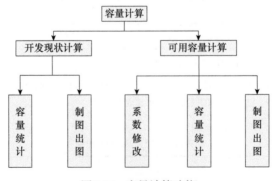

图8.10　容量计算功能

1. 开发现状计算

1）容量统计

容量统计功能是对地下空间开发现状进行统计分析，见表8.25。

表8.25 容量统计功能设计

功能编号	5-1
功能名称	容量统计
功能描述	对地下空间开发现状进行统计分析
操作数据流描述	（1）点击容量统计按钮，弹出容量统计对话框； （2）可以根据行政区、土地状态进行容量统计，以表格的形式展示
例外及相应处理	（1）后台捕获异常； （2）其他异常，转到错误处理页面，提示出错原因

2）制图出图

制图出图功能是对容量开发现状结果进行制图并出图，见表8.26。

表8.26 制图出图功能设计

功能编号	5-2
功能名称	制图出图
功能描述	对容量开发现状结果进行制图出图
操作数据流描述	点击进入需要制图出图的评价结果，然后点击制图出图按钮，根据预先定义的制图模板，选择导出图片位置，即可完成出图
例外及相应处理	（1）后台捕获异常； （2）其他异常，转到错误处理页面，提示出错原因

2. 可用容量计算

1）系数修改

系数修改功能是对浅层、次浅层协调系数进行修改，见表8.27。

表8.27 系数修改功能设计

功能编号	5-3
功能名称	系数修改
功能描述	修改浅层、次浅层协调系数
操作数据流描述	（1）点击系数修改按钮，弹出系数修改对话框； （2）根据需要修改协调系数数值； （3）点击保存，刷新要素图层显示的协调系数
例外及相应处理	（1）后台捕获异常； （2）其他异常，转到错误处理页面，提示出错原因

2）容量统计

容量统计功能对地下空间容量按照行政区、综合价值等参数进行统计分析，见表8.28。

表8.28   容量统计功能设计

功能编号	5-4
功能名称	容量统计
功能描述	对地下空间容量进行统计分析
操作数据流描述	（1）点击容量统计按钮，弹出容量统计对话框； （2）可以根据行政区、综合价值、社会经济、适宜性、土地状态，基于浅层、次浅层进行容量统计，以表格的形式展示
例外及相应处理	（1）后台捕获异常； （2）其他异常，转到错误处理页面，提示出错原因

3）制图出图

制图出图功能是对浅层、次浅层协调系数等进行制图并出图，见表8.29。

表8.29   制图出图功能设计

功能编号	5-5
功能名称	制图出图
功能描述	对浅层、次浅层协调系数结果进行制图出图
操作数据流描述	点击进入需要制图出图的评价结果，然后点击制图出图按钮，根据预先定义的制图模板，选择导出图片位置，即可完成出图
例外及相应处理	（1）后台捕获异常； （2）其他异常，转到错误处理页面，提示出错原因

8.4.6　规划决策

规划决策主要包括地上数据管理、区域分析、整体设计、功能设计、布局设计等功能，如图8.11所示。

1. 地上数据管理

1）区域数据管理

区域数据管理功能是对示范区的区域整体数据进行输入、修改及管理，见表8.30。

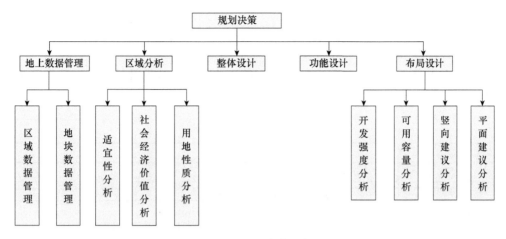

图8.11 规划决策功能

表8.30 区域数据管理功能设计

功能编号	6-1
功能名称	区域数据管理
功能描述	对示范区区域整体情况进行管理
操作数据流描述	（1）点击区域数据按钮，弹出区域数据对话框； （2）在对话框中根据条目填写示范区区域整体情况，填完后点击保存按钮即可
例外及相应处理	（1）保存区域数据时异常，捕获错误并提示原因； （2）其他异常，将错误信息记录到日志，供系统用户查阅

2）地块数据管理

地块数据管理功能是对示范区内各个地块的数据进行输入、修改及管理，见表8.31。

表8.31 地块数据管理功能设计

功能编号	6-2
功能名称	地块数据管理
功能描述	对示范区地块数据进行管理
操作数据流描述	（1）点击地块数据按钮，弹出地块数据对话框； （2）在对话框中根据地块编号和条目填写相应的内容，也可以双击一条填写记录，缩放到该地块，对照填写相应的内容，填完后点击保存按钮即可
例外及相应处理	（1）保存区域数据时异常，捕获错误并提示原因； （2）其他异常，将错误信息记录到日志，供系统用户查阅

2．区域分析

1）适宜性分析

适宜性分析功能是对示范区内适宜性评价的相关数据及结果进行分析，见表8.32。

表 8.32　适宜性分析功能设计

功能编号	6-3
功能名称	适宜性分析
功能描述	展示示范区适宜性评价的相关数据及结果
操作数据流描述	（1）点击适宜性评价按钮，弹出适宜性评价对话框； （2）在对话框中以表格的形式展示示范区适宜性评价的相关数据及结果
例外及相应处理	（1）后台捕获异常； （2）其他异常，转到错误处理页面，提示出错原因

2）社会经济价值分析

社会经济价值分析功能是对示范区社会经济价值评价的相关数据及结果进行分析，见表8.33。

表 8.33　社会经济价值分析功能设计

功能编号	6-4
功能名称	社会经济价值分析
功能描述	展示示范区社会经济价值评价的相关数据及结果
操作数据流描述	（1）点击社会经济价值评价按钮，弹出社会经济价值评价对话框； （2）在对话框中以表格的形式展示示范区社会经济价值评价的相关数据及结果
例外及相应处理	（1）后台捕获异常； （2）其他异常，转到错误处理页面，提示出错原因

3）用地性质分析

用地性质分析功能是对示范区用地类型及面积进行统计与展示，见表8.34。

表 8.34　用地性质分析功能设计

功能编号	6-5
功能名称	用地性质分析
功能描述	对示范区用地类型进行统计与展示
操作数据流描述	（1）点击用地性质分析按钮，弹出用地性质分析对话框； （2）在对话框中分两部分展示：一部分以表格的形式展示各个用地类型面积及比例，另一部分展示区域用地性质图； （3）如果需要，点击导出按钮，即可按照预先定义的制图模板对用地性质图进行出图导出
例外及相应处理	（1）后台捕获异常； （2）其他异常，转到错误处理页面，提示出错原因

3. 整体设计

整体设计功能是对示范区整体功能进行设计，并对设计结果进行展示，见表8.35。

表8.35 整体设计功能设计

功能编号	6-6
功能名称	整体设计
功能描述	展示示范区整体设计的结果
操作数据流描述	（1）点击整体设计按钮，弹出整体设计对话框； （2）在对话框中以表格的形式展示整体设计的结果
例外及相应处理	（1）后台捕获异常； （2）其他异常，转到错误处理页面，提示出错原因

4. 功能设计

功能设计功能是根据示范区数据、地块数据等给出区域功能进行整体设计，见表8.36。

表8.36 功能设计功能设计

功能编号	6-7
功能名称	功能设计
功能描述	展示示范区功能设计的结果
操作数据流描述	（1）点击功能设计按钮，弹出功能设计对话框； （2）在对话框中以表格的形式展示功能设计的结果
例外及相应处理	（1）后台捕获异常； （2）其他异常，转到错误处理页面，提示出错原因

5. 布局设计

1）开发强度分析

开发强度分析功能是通过计算，给出示范区地块地下空间开发强度，见表8.37。

表8.37 开发强度分析功能设计

功能编号	6-8
功能名称	开发强度分析
功能描述	计算示范区地块地下空间开发强度
操作数据流描述	（1）点击开发强度按钮，根据开发强度计算模型，计算示范区地块地下空间开发强度，并在页面上展示开发强度图； （2）如果需要，点击导出按钮，即可按照预先定义的制图模板对开发强度图进行出图导出
例外及相应处理	（1）后台捕获异常； （2）其他异常，转到错误处理页面，提示出错原因

2）可用容量分析

可用容量分析功能对示范区内各地块地下空间可用容量进行计算，见表8.38。

表8.38   可用容量分析功能设计

功能编号	6-9
功能名称	可用容量分析
功能描述	计算示范区地块地下空间可用容量
操作数据流描述	（1）点击可用容量按钮，弹出可用容量对话框； （2）在对话框中以表格的形式展示示范区可用容量的计算结果
例外及相应处理	（1）后台捕获异常； （2）其他异常，转到错误处理页面，提示出错原因

3）竖向建议分析

竖向建议分析功能给出示范区竖向建议的结果，见表8.39。

表8.39   竖向建议分析功能设计

功能编号	6-10
功能名称	竖向建议分析
功能描述	展示示范区竖向建议的结果
操作数据流描述	（1）点击竖向建议按钮，弹出竖向建议对话框； （2）在对话框中以表格的形式展示示范区竖向建议的结果
例外及相应处理	（1）后台捕获异常； （2）其他异常，转到错误处理页面，提示出错原因

4）平面建议分析

平面建议分析功能给出示范区平面建议的结果，见表8.40。

表8.40   平面建议分析功能设计

功能编号	6-11
功能名称	平面建议分析
功能描述	展示示范区平面建议的结果
操作数据流描述	（1）点击平面建议按钮，弹出平面建议对话框； （2）在对话框中以表格的形式展示示范区平面建议的结果
例外及相应处理	（1）后台捕获异常； （2）其他异常，转到错误处理页面，提示出错原因

8.4.7 系统管理

系统管理功能包括用户管理和日志管理，如图8.12所示。

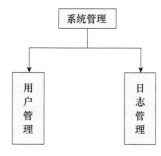

图 8.12　系统管理功能

1. 用户管理

用户管理功能是对用户进行增加、删除、修改、查询等，见表8.41。

表8.41　用户管理功能设计

功能编号	7-1
功能名称	用户管理
功能描述	提供对用户的增加、删除、修改、查询功能
操作数据流描述	（1）点击用户管理按钮，弹出用户管理页面； （2）在页面中以表格的形式展示用户信息，包括用户名、昵称、角色； （3）点击添加按钮，弹出对话框可以添加用户信息； （4）点击修改按钮，弹出对话框可以修改用户信息； （5）可以选中用户记录进行删除操作
例外及相应处理	（1）后台捕获异常； （2）其他异常，转到错误处理页面，提示出错原因

2. 日志管理

日志管理功能是对系统用户操作日志进行查询，见表8.42。

表8.42　日志管理功能设计

功能编号	7-2
功能名称	日志管理
功能描述	提供对系统用户操作日志的查询功能
操作数据流描述	（1）点击日志管理按钮，弹出日志管理页面； （2）在页面中以表格的形式展示系统用户操作日志，包括操作时间、操作人、操作内容、登陆IP； （3）可以选中日志记录进行导出或者删除操作
例外及相应处理	（1）后台捕获异常； （2）其他异常，转到错误处理页面，提示出错原因

>>> 8.5　数据库表设计

在数据库逻辑设计阶段，主要建立数据库的逻辑模型，包括数据库表名、用途、字段名称、字段代码、字段类型、字段长度、主键、外键等，除此之外，还应用到视图、存储过程和索引，其中视图是根据有关标准和规定，用正投影法将机件向投影面投影所得到的图形。而存储过程则是一组为了完成特定功能的SQL语句组集，是利用Oracle所提供的Transact-SQL语句所编写的程序，功能是将常用或复杂的工作，预先用SQL语句写好并用一个指定名称存储起来，以后若需要数据库提供与已定义好的存储过程的功能相同的服务时，只需要调用execute即可自动完成命令。索引是将文献中具有检索意义的事项按照一定的方式有序编排起来。

8.5.1　数据库构成

本系统数据库由业务数据库、评价模型数据库及系统管理数据库三方面构成，其中业务数据库又包括地质条件数据库和社会经济数据库。

8.5.2　地质条件数据库

1. 地质断裂

地质断裂（KM_DZDL）数据库表见表8.43。

表8.43　地质断裂数据库表

名称	代码	数据类型	长度
主键ID	OBJECTID	NUMBER	38
面积	AREA	NUMBER	38
区域	QUYU_NAME	NVARCHAR25	50
形状	SHAPE	ST_GEOMETRY	—
长度	SHAPE_LENG	NUMBER	38
地质断裂等级	DZDL_DJ	NUMBER	4

续表

名称	代码	数据类型	长度
地质断裂带类型	DZDL_LX	NVARCHAR2	50
地质断裂等级描述	DZDL_MS	NVARCHAR2	50
地质断裂带活动年度	DZDL_HDND	NUMBER	5
地质断裂带性质	DZDL_XZ	NVARCHAR2	50

2. 生态保护区

生态保护区（KM_STBH）数据库表见表8.44。

表8.44 生态保护区数据库表

名称	代码	数据类型	长度
主键ID	OBJECTID	NUMBER	38
形状	SHAPE	ST_GEOMETRY	—
类型	STBH_TYPE	NVARCHAR2	50
保护区性质	STBH_XZ	NVARCHAR2	50
植被种类	STBH_ZB	NVARCHAR2	50

3. 工程地质

工程地质（KM_GCDZ）数据库表见表8.45。

表8.45 工程地质数据库表

名称	代码	数据类型	长度
主键ID	OBJECTID	NUMBER	38
面积	AREA	NUMBER	38
区域	QUYU_NAME	NVARCHAR25	50
形状	SHAPE	ST_GEOMETRY	—
长度	SHAPE_LENG	NUMBER	38
工程地质等级	GCDZ_DJ	NUMBER	9
工程地质描述	GCDZ_MS	NVARCHAR2	50
主要危害因素	GCDZ_WHYS	NVARCHAR2	200

4. 地震风险

地震风险（KM_DZFX）数据库表见表8.46。

表 8.46 地震风险数据库表

名称	代码	数据类型	长度
主键ID	OBJECTID	NUMBER	38
面积	AREA	NUMBER	38
区域	QUYU_NAME	NVARCHAR25	50
形状	SHAPE	ST_GEOMETRY	—
长度	SHAPE_LENG	NUMBER	38
地震风险等级	DZFX_DJ	NUMBER	4
地震动峰值加速度	DZFX_JSD	NUMBER	5
地震烈度	DZFX_LD	NUMBER	5
地震风险等级描述	DZFX_DJMS	NVARCHAR2	50

5. 用地坡度

用地坡度（KM_YDPD）数据库表见表 8.47。

表 8.47 用地坡度数据库表

名称	代码	数据类型	长度
主键ID	OBJECTID	NUMBER	38
面积	AREA	NUMBER	38
区域	QUYU_NAME	NVARCHAR25	50
形状	SHAPE	ST_GEOMETRY	—
长度	SHAPE_LENG	NUMBER	38
用地坡度等级	YDPD_DJ	NUMBER	4
用地坡度描述	YDPD_MS	NVARCHAR2	50
坡度	YDPD_PD	NUMBER	5
坡向	YDPD_PX	NVARCHAR2	50

6. 基础地质

基础地质（KM_JCDZ）数据库表见表 8.48。

表 8.48 基础地质数据库表

名称	代码	数据类型	长度
主键ID	OBJECTID	NUMBER	38
面积	AREA	NUMBER	38
区域	QUYU_NAME	NVARCHAR25	50
形状	SHAPE	ST_GEOMETRY	—

续表

名称	代码	数据类型	长度
长度	SHAPE_LENG	NUMBER	38
岩溶程度	JCDZ_CD	NVARCHAR2	50
地质条件（基础地质）	JCDZ_DJ	NUMBER	4
岩溶类型	JCDZ_LX	NVARCHAR2	50
地质条件描述	JCDZ_MS	NVARCHAR2	50
局部稳定性	JCDZ_WDX	NVARCHAR2	50
岩体完整程度	JCDZ_WZD	NVARCHAR2	50
地层岩性	JCDZ_YX	NVARCHAR2	50

7. 软土圈层

软土圈层（KM_RTQC）数据库表见表8.49。

表8.49 软土圈层数据库表

名称	代码	数据类型	长度
主键ID	OBJECTID	NUMBER	38
面积	AREA	NUMBER	38
区域	QUYU_NAME	NVARCHAR25	50
形状	SHAPE	ST_GEOMETRY	—
长度	SHAPE_LENG	NUMBER	38
软土圈层成因类型	RTQC_CY	NVARCHAR2	50
软土圈层（土体性质）	RTQC_TTXZ	NUMBER	4
含水量	RTQC_HS	NUMBER	38
孔隙比	RTQC_KXB	NUMBER	38
软土类型	RTQC_LX	NVARCHAR2	50
软土圈层描述	RTQC_MS	NVARCHAR2	50
内聚力	RTQC_NJL	NUMBER	38
内摩擦角	RTQC_NMC	NUMBER	38
渗透系数	RTQC_STX	NUMBER	38
塑性指数	RTQC_SX	NUMBER	38
有机质	RTQC_YJZ	NUMBER	38
压缩系数	RTQC_YSX	NUMBER	38
液限	RTQC_YX	NUMBER	38
液性指数	RTQC_YXZ	NUMBER	38
重度	RTQC_ZD	NUMBER	38

8. 地下水分布

地下水分布（KM_DSFB）数据库表见表8.50。

表8.50　地下水分布数据库表

名称	代码	数据类型	长度
主键ID	OBJECTID	NUMBER	38
面积	AREA	NUMBER	38
地下水分布等级	DSFB_DJ	NUMBER	4
地下水分布等级描述	DSFB_MS	NVARCHAR2	50
区域	QUYU_NAME	NVARCHAR25	50
形状	SHAPE	ST_GEOMETRY	—
地下水分布形状长度	SHAPE_LENG	NUMBER	38
地下水补给	DS_BJ	NVARCHAR2	50
承压水埋深	DS_CYMS	NUMBER	38
地下水类型	DS_LX	NVARCHAR2	50
地下水相对水位	DS_XDSW	NUMBER	38
单井涌水量	DS_YSL	NUMBER	38

9. 水腐蚀性

水腐蚀性（KM_SFSX）数据库表见表8.51。

表8.51　水腐蚀性数据库表

名称	代码	数据类型	长度
主键ID	OBJECTID	NUMBER	38
面积	AREA	NUMBER	38
区域	QUYU_NAME	NVARCHAR25	50
形状	SHAPE	ST_GEOMETRY	—
水腐蚀性形状长度	SHAPE_LENG	NUMBER	38
水腐蚀性等级	SFSX_DJ	NUMBER	4
水腐蚀性类型	SFSX_LX	NVARCHAR2	50
水腐蚀性描述	SFSX_MS	NVARCHAR2	50
水腐蚀性浓度	SFSX_ND	NUMBER	38
水腐蚀性强度	SFSX_QD	NVARCHAR2	50

8.5.3 社会经济数据库

1. 空间区位

空间区位（KM_KJQW）数据库表见表8.52。

表8.52 空间区位数据库表

名称	代码	数据类型	长度
主键ID	OBJECTID	NUMBER	38
面积	AREA	NUMBER	38
区域	QUYU_NAME	NVARCHAR25	50
形状	SHAPE	ST_GEOMETRY	—
长度	SHAPE_LENG	NUMBER	38
空间区位等级	KJQW_DJ	NUMBER	4
空间区位定位	KJQW_DW	NVARCHAR2	50
空间区位类型	KJQW_LX	NVARCHAR2	50
空间区位描述	KJQW_MS	NVARCHAR2	50

2. 人口现状

人口现状（KM_RKXZ）数据库表见表8.53。

表8.53 人口现状数据库表

名称	代码	数据类型	长度
主键ID	OBJECTID	NUMBER	38
面积	AREA	NUMBER	38
区域	QUYU_NAME	NVARCHAR25	50
形状	SHAPE	ST_GEOMETRY	—
长度	SHAPE_LENG	NUMBER	38
常住人口	RKXZ_CZ	NUMBER	38
常住人口密度	RKXZ_CZM	NUMBER	38
人口现状（人口密度）等级	RKXZ_DJ	NUMBER	4
户籍人口	RKXZ_HJ	NUMBER	38
户籍人口密度	RKXZ_HJM	NUMBER	38
流动人口	RKXZ_LD	NUMBER	38
流动人口密度	RKXZ_LDM	NUMBER	38

续表

名称	代码	数据类型	长度
65岁以上人口	RKXZ_LR	NUMBER	38
65岁以上人口密度	RKXZ_LRM	NUMBER	38
人口现状描述	RKXZ_MS	NVARCHAR2	50
青少年人口	RKXZ_QN	NUMBER	38
青少年人口密度	RKXZ_QNM	NUMBER	38
百度热力图密度	RKXZ_RLT	NUMBER	38
性别比例	RKXZ_XBB	NUMBER	38

3. 轨道交通

轨道交通（KM_GDJT）数据库表见表8.54。

表8.54　轨道交通数据库表

名称	代码	数据类型	长度
主键ID	OBJECTID	NUMBER	38
面积	AREA	NUMBER	38
区域	QUYU_NAME	NVARCHAR25	50
形状	SHAPE	ST_GEOMETRY	—
长度	SHAPE_LENG	NUMBER	38
轨道交通等级	GDJT_DJ	NUMBER	4
轨道交通线路宽度	GDJT_KD	NUMBER	38
轨道交通类型	GDJT_LX	NVARCHAR2	50
轨道交通描述	GDJT_MS	NVARCHAR2	50
轨道交通施工方式	GDJT_SG	NVARCHAR2	50
轨道交通站点类型	GDJT_ZLX	NVARCHAR2	50

4. 道路交通

道路交通（KM_DLJT）数据库表见表8.55。

表8.55　道路交通数据库表

名称	代码	数据类型	长度
主键ID	OBJECTID	NUMBER	38
面积	AREA	NUMBER	38
道路交通等级	DLJT_DJ	NUMBER	4
道路交通等级描述	DLJT_MS	NVARCHAR2	50

名称	代码	数据类型	长度
区域	QUYU_NAME	NVARCHAR25	50
形状	SHAPE	ST_GEOMETRY	—
长度	SHAPE_LENG	NUMBER	38
道路交通级别	DLJT_JB	NVARCHAR2	50
道路交通宽度	DLJT_KD	NUMBER	38
道路交通类别	DLJT_LB	NVARCHAR2	50
高峰期平均速度	DLJT_PJS	NUMBER	38
道路交通设计速度	DLJT_SJS	NUMBER	5
道路交通运行指数等级	DLJT_YXD	NVARCHAR2	50
道路交通运行指数	DLJT_YXZ	NUMBER	38

5. 土地性质

土地性质（KM_TDXZ）数据库表见表8.56。

表8.56 土地性质数据库表

名称	代码	数据类型	长度
主键ID	OBJECTID	NUMBER	38
面积	AREA	NUMBER	38
区域	QUYU_NAME	NVARCHAR25	50
形状	SHAPE	ST_GEOMETRY	—
长度	SHAPE_LENG	NUMBER	38
土地性质（用地类型）等级	TDXZ_DJ	NVARCHAR2	50
土地性质类型	TDXZ_LX	NVARCHAR2	50
土地性质描述	TDXZ_MS	NVARCHAR2	50
土地性质建设状态	TDXZ_ZT	NVARCHAR2	50

6. 土地开发强度

土地开发强度（KM_TDKF）数据库表见表8.57。

表8.57 土地开发强度数据库表

名称	代码	数据类型	长度
主键ID	OBJECTID	NUMBER	38
面积	AREA	NUMBER	38
区域	QUYU_NAME	NVARCHAR25	50
形状	SHAPE	ST_GEOMETRY	—

续表

名称	代码	数据类型	长度
长度	SHAPE_LENG	NUMBER	38
土地开发强度等级	TDKF_DJ	NUMBER	38
建筑高度	TDKF_GD	NUMBER	38
绿地率	TDKF_LDL	NUMBER	38
建筑密度	TDKF_MD	NVARCHAR2	50
土地开发强度描述	TDKF_MS	NUMBER	38
容积率	TDKF_RJL	NUMBER	4

7. 停车配建

停车配建（KM_TCPJ）数据库表见表8.58。

表8.58　停车配建数据库表

名称	代码	数据类型	长度
主键ID	OBJECTID	NUMBER	38
面积	AREA	NUMBER	38
区域	QUYU_NAME	NVARCHAR25	50
形状	SHAPE	ST_GEOMETRY	—
长度	SHAPE_LENG	NUMBER	38
汽车保有量	TCPJ_BYL	NUMBER	38
汽车保有量与总车位数比	TCPJ_BZ	NUMBER	38
停车配建等级	TCPJ_DJ	NUMBER	4
公共车位数	TCPJ_GGC	NUMBER	38
居住区车位数	TCPJ_JZQ	NUMBER	38
停车配建描述	TCPJ_MS	NVARCHAR2	50
行政办公区车位数	TCPJ_XZ	NUMBER	38
总车位数	TCPJ_ZCW	NUMBER	38

8. 住宅地价

住宅地价（KM_ZZDJ）数据库表见表8.59。

表8.59　住宅地价数据库表

名称	代码	数据类型	长度
主键ID	OBJECTID	NUMBER	38
面积	AREA	NUMBER	38
区域	QUYU_NAME	NVARCHAR25	50
形状	SHAPE	ST_GEOMETRY	—

续表

名称	代码	数据类型	长度
长度	SHAPE_LENG	NUMBER	38
住宅地价等级	ZZDJ_DJ	NUMBER	4
人均GDP	ZZDJ_GDP	NUMBER	38
居民可支配收入	ZZDJ_KZP	NUMBER	38
住宅用地地价描述	ZZDJ_MS	NVARCHAR2	50
土地使用年限	ZZDJ_NX	NUMBER	5
土地剩余使用年限	ZZDJ_SYN	NUMBER	5
居民消费价格指数	ZZDJ_XFZ	NUMBER	38

9. 商业地价

商业地价（KM_SYDJ）数据库表见表8.60。

表8.60　商业地价数据库表

名称	代码	数据类型	长度
主键ID	OBJECTID	NUMBER	38
面积	AREA	NUMBER	38
区域	QUYU_NAME	NVARCHAR25	50
形状	SHAPE	ST_GEOMETRY	—
长度	SHAPE_LENG	NUMBER	38
商业地价等级	SYDJ_DJ	NVARCHAR2	50
商业用途类型	SYDJ_LX	NVARCHAR2	50
商业地价描述	SYDJ_MS	NUMBER	5
土地使用年限	SYDJ_NX	NUMBER	5
土地使用剩余年限	SYDJ_SYN	NUMBER	4

8.5.4　评价模型数据库

1. 适宜性评价

适宜性评价（KM_SY_RESULT）数据库表见表8.61。

表8.61　适宜性评价数据库表

名称	代码	数据类型	长度
主键ID	OBJECTID	NUMBER	38
面积	AREA	NUMBER	38

续表

名称	代码	数据类型	长度
区域	QUYU_NAME	NVARCHAR25	50
形状	SHAPE	ST_GEOMETRY	—
长度	SHAPE_LENG	NUMBER	38
适宜性评价结果	SY_RESULT	NUMBER	4

2. 社会经济价值评价

社会经济价值评价（KM_SHJJ_RESULT）数据库表见表8.62。

表8.62　社会经济价值评价数据库表

名称	代码	数据类型	长度
主键ID	OBJECTID	NUMBER	38
面积	AREA	NUMBER	38
区域	QUYU_NAME	NVARCHAR25	50
形状	SHAPE	ST_GEOMETRY	—
长度	SHAPE_LENG	NUMBER	38
社会经济价值评价结果	SHJJ_RESULT	NUMBER	4

3. 综合价值评价

综合价值评价（KM_ZH_RESULT）数据库表见表8.63。

表8.63　综合价值评价数据库表

名称	代码	数据类型	长度
主键ID	OBJECTID	NUMBER	38
面积	AREA	NUMBER	38
区域	QUYU_NAME	NVARCHAR25	50
形状	SHAPE	ST_GEOMETRY	—
长度	SHAPE_LENG	NUMBER	38
综合价值评价结果	ZH_RESULT	NUMBER	4

4. 综合价值评价矩阵

综合价值评价矩阵（KM_ZH_MATRIX）数据库表见表8.64。

表8.64　综合价值评价矩阵数据库表

名称	代码	数据类型	长度
适宜性评价结果等级	SY_RESULT	NVARCHAR2	20
社会经济价值评价等级	SHJJ_RESULT	NVARCHAR2	20
综合价值评价等级	ZH_RESULT	NVARCHAR2	20

5. 图层信息

图层信息（KM_LAYER_INFO）数据库表见表8.65。

表8.65　图层信息数据库表

名称	代码	数据类型	长度
主键ID	OBJECTID	NUMBER	38
图层名称	LAYER_NAME	NVARCHAR2	20
属性等级	ATTR_LEVEL	NVARCHAR2	20
等级描述	LEVEL_MS	NVARCHAR2	200
最小值（备用）	MIN_VALUE	NUMBER	—
最大值（备用）	MAX_VALUE	NUMBER	—
等级分值	LEVEL_SCORE	NUMBER	—
等级对应的名称	LEVEL_NAME	NVARCHAR2	20
修改时间	UPDATE_TIME	NVARCHAR2	20

6. 模型评价信息

模型评价信息（KM_MODEL_INFO）数据库表见表8.66。

表8.66　模型评价信息数据库表

名称	代码	数据类型	长度
模型名字	MODEL_NAME	NVARCHAR2	20
图层名字	LAYER_NAME	NVARCHAR2	20
图层权重	LAYER_WEIGHT	NVARCHAR2	20
模型描述	MODEL_MS	NVARCHAR2	20
图层描述	LAYER_MS	NVARCHAR2	20
图层权重更新时间	UPDATE_TIME	NVARCHAR2	20

7. 浅层系数

浅层系数（KM_QC_XS）数据库表见表8.67。

表8.67 浅层系数数据库表

名称	代码	数据类型	长度
主键	OBJECTID	NUMBER	38
周长	SHAPE_LENG	NUMBER	38
面积	AREA	NUMBER	38
浅层系数	QC_XS	NUMBER	38
浅层容量	QC_RL	NUMBER	38
所属区域	QUYU_NAME	NVARCHAR2	50
图形	SHAPE	ST_GEOMETRY	—

8. 次浅层系数

次浅层系数（KM_CQC_XS）数据库表见表8.68。

表8.68 次浅层系数数据库表

名称	代码	数据类型	长度
主键	OBJECTID	NUMBER	38
周长	SHAPE_LENG	NUMBER	38
面积	AREA	NUMBER	38
次浅层系数	CQC_XS	NUMBER	38
次浅层容量	CQC_RL	NUMBER	38
所属区域	QUYU_NAME	NVARCHAR2	50
图形	SHAPE	ST_GEOMETRY	—

9. 区域数据

区域数据（KM_REGION_DATA）数据库表见表8.69。

表8.69 区域数据库表

名称	代码	数据类型	长度
区域名称	REGION_NAME	NVARCHAR2	200
区域属性	REGION_TYPE	NVARCHAR2	200
火车站	TRAINSTATION	NUMBER	38
长途汽车站	BUSSTATION	NUMBER	38
地铁站	REALWAYSTATION_LEVEL	NVARCHAR2	200
公交站	BUSSTOP_TYPE	NVARCHAR2	200
道路交通情况	ROADTRAFFIC	NVARCHAR2	20
人流聚集程度	AGGREGATIONDEGREESS	NVARCHAR2	20
地面步行环境	WALKENVIROMENT	NVARCHAR2	20
人口	POPULATION	FLOAT	—
建筑面积	FLOORAREA	FLOAT	—

10. 东风广场

东风广场（KM_DFSQURE）数据库表见表8.70。

表8.70 东风广场数据库表

名称	代码	数据类型	长度
主键ID	OBJECTID	NUMBER	38
和评价模型关联ID	FID_KM_SHP	NUMBER	9
长度	SHAPE_LENG	NUMBER	38
面积	AREA	NUMBER	18
地块名字	PLOT_NAME	NVARCHAR2	50
建筑面积	FLOOR_AREA	NUMBER	18
容积率	AREARATIO	NUMBER	18
人口	POPULATION	NUMBER	18
开发强度等级	KFQD_DJ	NUMBER	5
形状	SHAPE	ST_GEOMETRY	—
已开发地下面积	USEDUNDER_AREA	NUMBER	38
开发强度	DEVELOPSTRENG	NUMBER	38

11. 巫家坝示范区

巫家坝示范区（KM_WJBSQURE）数据库表见表8.71。

表8.71 巫家坝示范区数据库表

名称	代码	数据类型	长度
主键ID	OBJECTID	NUMBER	38
和评价模型关联ID	FID_KM_SHP	NUMBER	9
长度	SHAPE_LENG	NUMBER	38
面积	AREA	NUMBER	18
地块名字	PLOT_NAME	NVARCHAR2	50
建筑面积	FLOOR_AREA	NUMBER	18
容积率	AREARATIO	NUMBER	18
人口	POPULATION	NUMBER	18
开发强度等级	KFQD_DJ	NUMBER	5
形状	SHAPE	ST_GEOMETRY	—
已开发地下面积	USEDUNDER_AREA	NUMBER	38
开发强度	DEVELOPSTRENG	NUMBER	38

12. 区域类型

区域类型（KM_REGION_TYPE）数据库表见表8.72。

表8.72　区域类型数据库表

名称	代码	数据类型	长度
区域类型（大类）	REGION_TYPE1	NVARCHAR2	500
区域类型（小类）	REGION_TYPE2	NVARCHAR2	500
整体设计-功能建议（大类）	FUNCTION_SUG	NVARCHAR2	500
平面建议-开发模式	DEVELOP_MODEL	NVARCHAR2	500
平面建议-功能类型	FUNCTION_TYPE	NVARCHAR2	500
平面建议-布局形态	LAYOUT_FORM	NVARCHAR2	500

13. 土地性质建议

土地性质建议（KM_TDXZ_RELATION）数据库表见表8.73。

表8.73　土地性质建议数据库表

名称	代码	数据类型	长度
土地利用性质	TDXZ_LB	NVARCHAR2	20
系数［停车（配建＋公共）计算］	COEFFICIENT	FLOAT	—
竖向建议浅层	SUGGEST_QC	NVARCHAR2	500
竖向建议次浅层	SUGGEST_CQC	NVARCHAR2	500

14. 需求强度计算模型

需求强度计算模型（KM_XQQD_RELATION）数据库表见表8.74。

表8.74　需求强度计算模型数据库表

名称	代码	数据类型	长度
土地利用性质	TDXZ_LB	NVARCHAR2	20
总体需求量	DEMAND_ALL	FLOAT	20
浅层需求	DEMAND_QC	NVARCHAR2	500
次浅层需求	DEMAND_CQC	NVARCHAR2	500
需求强度等级	DEMAND_LEVEL	NUMBER	38

8.5.5　系统管理数据库

1. 用户信息

用户信息（KM_USER_INFO）数据库表见表8.75。

表8.75 用户信息数据库表

名称	代码	数据类型	长度
主键ID	USERID	NUMBER	38
用户名	USER_NAME	NVARCHAR2	20
密码	USER_PWD	NVARCHAR2	500
用户类型	USER_TYPE	NUMBER	38
添加时间	ADD_TIME	NVARCHAR2	20
邮箱	EMAIL	NVARCHAR2	50
电话	TELEPHONE	NVARCHAR2	20
备注	NOTE	NVARCHAR2	200
昵称	NICKNAME	NVARCHAR2	20

2. 操作日志

操作日志（KM_OPERATELOG）数据库表见表8.76。

表 8.76 操作日志数据库表

名称	代码	数据类型	长度
主键ID	ID	NUMBER	38
用户名	USER_NAME	NVARCHAR2	20
操作记录	CONTENT	NVARCHAR2	50
用户IP	IP	NVARCHAR2	20
操作时间	ADD_TIME	NVARCHAR2	20

>>> 8.6 系统具体实现

8.6.1 用户登录

用户若想使用本软件则必须阅读并同意本软件的免责声明，否则无法登录；同意免责声明后进入登录界面（图8.13），已注册用户使用登录用户名和密码即可登录使用软件，登录后软件跳转到主界面。

根据系统设计需要，本系统设置管理员用户和普通用户两类用户，其中管理员用户享有最高权限，这些权限包括适宜性评价、综合价值评价、容量计算、社会经济评价等方面的制图出图、模型修改、参数修改等功能。同时，该

图 8.13　系统登录界面

类型用户享有增加普通用户的特权。

　　用户成功登录系统后，自动进入本系统的主界面，系统的主界面如图 8.14 所示。图 8.14 红框部分是各个图层的管理和统计功能，蓝框部分是地图的显示部分，黄框部分显示登录用户名、登录日期，同时提供返回首页、退出登录和加入收藏三个功能。

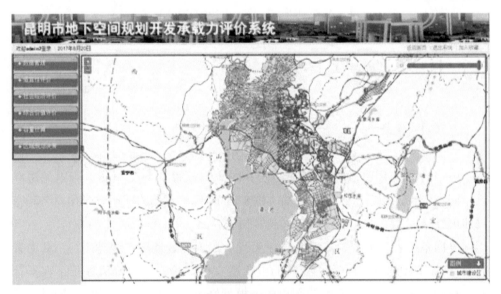

图 8.14　系统主界面

8.6.2　数据管理模块

1. 数据管理

数据管理模块是系统的各类型地块空间数据的管理模块,这些数据包括适宜性评价基础数据、社会经济评价基础数据。该模块又划分为规划数据、地下空间设施、地质条件数据和社会经济数据等子模块,这些子模块下面分别对应子模块的图层数据集,如数据管理中的子模块地质条件数据中的各类图层。

在软件操作主界面内点击【数据管理】模块界面,同时地图框会自动显示工具栏,如图 8.15 所示。

图 8.15　数据管理界面

数据管理模块的核心功能在于管理图层数据,它分别管理规划数据、地下空间设施、地质条件数据和社会经济数据。该模块包括数据导入、数据编辑、条件查询、几何查询、统计分析和数据浏览六个功能。

数据编辑提供查询图层地块信息的功能。通过弹出对话框列表的方式,展示斑块 ID、面积、描述、等级、斑块周长和行政区域名称等斑块信息。由于图层的斑块数量巨大,所以通过分页方式优化显示,每次查询后返回 10 条数据,如果要浏览后面的数据可点击分页按钮更新表格,如图 8.16 所示。

为了让用户明确数据表中的每条记录对应地图上哪个斑块,系统提供双击记录即可缩放到图层的功能,如图 8.17 所示。

双击表格中某个记录时,地图会自动缩放到斑块,并且高亮显示,如果表

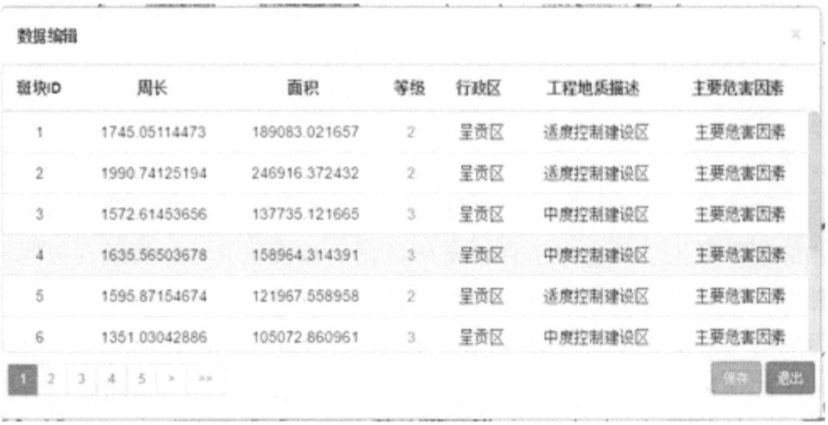

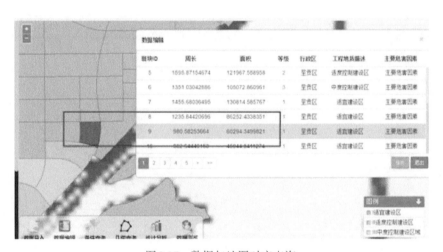

图 8.16　数据编辑功能

图 8.17　数据与地图对应查询

格框遮挡斑块，则可以移动表格框。

2. 条件查询

条件查询用来对地图数据进行筛选。条件查询根据图层数据属性提供不同的查询条件，如图 8.18 所示。

3. 几何查询

几何查询是多边形查询，即通过用户在地图上画多边形，与多边形相交的地图斑块被查询到。多边形绘画完毕后，会自动弹出数据表格进行查看，如图 8.19 所示。

4. 统计分析

统计分析是按照不同维度面积和数量类型对图层进行图标统计分析。统计对象由图层属性的离散数据组成。

条件查询 ✕

行政区	全部 ▼	等级	全部 ▼
岩溶程度	全部 ▼	岩溶类型	全部 ▼
局部稳定性	全部 ▼	岩体完整程度	全部 ▼

退出 查询

图 8.18 条件查询功能

图 8.19 几何查询功能

5. 数据浏览

数据浏览弹出提示性对话框，该功能是通过点击图层斑块来获取信息。对话框可以查看的信息包括编号、行政区、等级、描述、周长和面积等，如图 8.20 所示。

8.6.3 适宜性评价模块

适宜性评价模块包括要素排除、要素评价和综合评价三个子模块；子模块要素评价涉及地形条件、土体条件、岩层地质、水文地质、不利地质等方面的内容；子模块限制要素排除是评价中不被考虑的图层。

图 8.20　数据浏览功能

1. 适宜性限制要素排除

适宜性限制要素排除包括两个功能——刷新和制图出图，如图 8.21 所示。

图 8.21　适宜性限制要素排除

刷新功能主要用于地图的显示更新。

制图出图的目的是将渲染的新图层下载到指定的路径处。

2. 适宜性要素评价

适宜性要素评价包括四个功能——评分修改、刷新、统计分析和制图出图，如图 8.22 所示。

图 8.22　适宜性要素评价

评分修改是让用户在弹出的窗口修改图层上各个等级的分数，然后将这些分数传入后台，重新渲染图层数据。

3. 适宜性综合评价

适宜性综合评价包括模型查看、评价更新、制图出图、评价结果、要素查询等功能，如图8.23所示。

图8.23 适宜性综合评价

模型查看功能是对图层的权重进行重新划分，权重之和必须为1，权重的范围为0～1。

要素查询可以查看的信息包括编号、行政区、等级、描述、周长和面积等。

8.6.4 社会经济价值评价模块

社会经济价值评价模块包括社会经济要素评价和社会经济综合评价两个子模块。

1. 社会经济要素评价

社会经济要素评价功能包括评分修改、更新、统计分析和制图出图，如图8.24所示。

图8.24 社会经济要素评价

2. 社会经济综合评价

社会经济综合评价功能包括模型查看、评价更新、制图出图、评价结果、要素查询等功能，如图8.25所示。

图8.25 社会经济综合评价

模型查看功能是对图层的权重进行重新划分，权重之和必须为1，权重的范围为0～1。

8.6.5 综合价值评价模块

综合价值评价模块包括模型查看、评价更新、制图出图、评价结果、要素查询等功能，如图8.26所示。

图8.26 综合价值评价

8.6.6 容量计算模块

容量计算模块包括开发现状计算和可用容量计算两个子模块。在开发现状计算子模块中，模块功能涉及容量计算和制图出图等功能。在可用容量计算子模块中，模块功能涉及系数修改、容量统计和制图出图等功能。

容量计算的方法介绍如下。

（1）可供开发容量：（地块面积–已开发地下空间面积）×30m。

（2）可用有效利用容量：浅层（–10～0m）容量，（地块面积–已开发地下空间面积）×浅层协调系数×10m；次浅层（–30～–10m）容量，（地块面积–已开发地下空间面积）×次浅层协调系数×20m；已开发地下空间面积，即地铁、管廊（缓冲区）等已经占用的面积。

（3）开发现状计算主要包括容量统计、刷新、制图出图三个功能。

（4）可用容量分为浅层和次浅层两种类型来进行统计，主要包括四个功能，即系数修改、容量统计、刷新和制图出图。

8.6.7 区域规划决策模块

区域规划决策模块包含数据管理、区域分析、整体设计、功能设计和布局设计五个功能，该模块展示的数据为东风广场和巫家坝示范区两个区域的数据，提供了斑块信息展示、修改、区域规划建议和区域规划分析等功能。

1．数据管理

数据管理提供为东风广场和巫家坝示范区的原始斑块数据管理功能。该部分涉及区域数据和地块数据两种数据的查看和修改。

2．区域分析

区域分析功能模块涉及适宜性、社会经济和用地性质三部分。

3．整体设计

整体设计通过功能定位、开发规模、开发深度和功能建议四个角度，对区域整体设计提出可行性建议。

4．功能设计

功能设计展示地下空间开发功能、地下空间需求面积和比例。

5．布局设计

布局设计包含开发强度、可用容量、竖向建议和横向建议四个功能。

1）开发强度

通过综合价值等级、地面容积率、用地类型指标来确定开发强度，同时考虑适宜性的约束。

2）可用容量

可用容量展示地块编号、地块名称、可用容量和用地性质四方面数据。

3）竖向建议

竖向建议展示区域编号、名称、浅层建议、次浅层建议四方面信息。

4）横向建议

横向建议展示横向建议和平面布局建议两种信息。

8.6.8　系统管理模块

系统管理模块涉及日志管理和用户管理两个子模块。日志管理涉及用户日常操作、模型计算等方面关联操作的记录；用户管理用来查看用户信息、增加用户、删除用户等。

1．日志管理

日志管理是管理人员日常操作的步骤记录，涉及用户日常操作、模型计算等方面关联操作的记录，同时也包括用户登录的操作记录。

2．用户管理

用户管理提供查看用户信息、增加用户、删除用户等功能。打开用户管理界面，用户管理界面展现的内容包括用户名、昵称、角色，同时为满足修改用户信息的需求提供了修改功能。

参 考 文 献

飞思科技产品研发中心．2002．C#编程指南．北京：电子工业出版社．

龚薇华．2006．基于．NET和MVC的公司管理信息系统的设计与实现．杭州：浙江大学．

王洋博．2005．工程量软件的应用与研究．大连：大连理工大学．

尹承娟．2016．呼和浩特市政府门禁管理系统的设计与实现．北京：北京工业大学．

周鸿喜，刘军，姜辉，等．2011．通信光缆资源管理系统研究与开发．电力系统通信，32（6）：24-28．

周文平．2014．基于AV与IT融合的电力应急演习演练平台设计与实现．成都：电子科技大学．

朱四新．2006．基于WebGIS的水利管理信息系统设计与实现——以广州花都区水利局为例．成都：成都理工大学．

第9章
应用案例——以昆明市为例

>>> 9.1 地下空间开发适宜性评价

地下空间基础数据来源主要有纸质文档、图片、CAD规划数据等。数据来源众多，数据格式多样，必须对相关数据进行处理和标准化，转换为GIS软件可分析计算的格式。将收集到的纸质图件进行扫描，然后对其进行配准，确定统一的评价区域边界，以便对不同的图层进行精确的叠加运算。对配准后的图片格式数据进行矢量化处理，可通过GIS软件直接对空间数据进行信息提取及对其对应的属性数据进行赋值，得到研究区地下空间开发适宜性评价所需要的指标专题数据图层。为保证属性数据质量和计算性，对数据库建立有效性规则、属性域及添加相应字段等。

对标准化处理后的评价指标单一要素矢量图在GIS中进行Intersect操作，合并属性方法中选择ALL，即合并所有参与运算的图层的属性，各个单一图层的叠加相交生成新图层，同时，对图层之间相对应的区域属性进行运算，得到的新图层包含原有图层的所有属性信息，最终得到矢量单元叠加综合图。

适宜性评价采用的原始数据包括：昆明市地下空间规划管理通用电子地图、昆明市中心城主要断裂带分布图、昆明市绿地系统规划——中心城区绿地分类规划图、昆明市总体规划——生态隔离区与禁建区、昆明市地震灾害风险等级、昆明市岩溶程度图、昆明市淤泥类土分布示意图、1:20万水文地质图等。

9.1.1 指标评价

1. 土体条件

昆明市浅层软土由从晚更新世到现在埋深在30m范围以内的软土构成，包括湖相沉积软土、河滩相沉积软土、沼泽相沉积软土，这些类型的软土对地下空间开发的稳定性和安全性影响比较大；根据确定的软土工程地质分类原则和

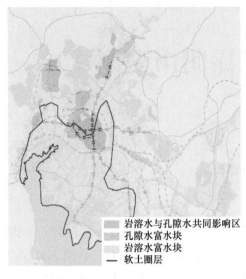

图9.1 昆明软土圈层范围示意图

分类方法，可以将昆明市浅层软土划分为工程地质性质有明显差异的淤泥质土、泥炭化土和淤泥三类软土。

云南省第一水文工程地质大队（1990）对昆明城市地质环境进行了调研和研究。目前，可收集到的地下软土数据包括《昆明城市地下空间开发利用专项规划（2014—2030）》《昆明盆地浅层软土成因及工程地质分类研究》（符必昌等，2000）等资料提供的数据。《昆明城市地下空间开发利用专项规划（2014—2030）》给出的软土圈层范围如图9.1所示。

符必昌等（2000）在《昆明盆地浅层软土成因及工程地质分类研究》和云南省第一水文工程地质大队（1990）《昆明地区城市地质环境综合评价研究》中给出了昆明市区淤泥类土分布图，如图9.2所示。昆明盆地浅层软土主要有湖相沉积软土、沼泽相沉积（沼泽相、泉沼相）软土、河滩相沉积（牛轭湖相、河漫滩相）软土三大类五亚类成因类型；根据确定的软土工程地质分类原则和分类方法，可以把昆明盆地浅层软土划分为工程地质性质有明显差异的泥炭化土、淤泥和淤泥质土三类软土；工程地质软土类型与其成因类型基本一致。

1）泥炭化土

昆明湖湘沉积软土主要由大量的泥炭化土组成，由于晚更新世湖面缩小，湖相沉积物堆积，其主要分布在昆明马街—梁家河—小板

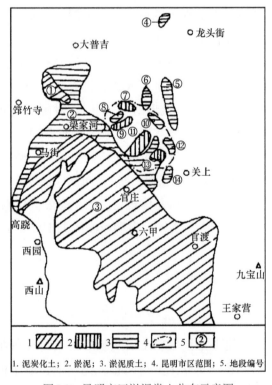

图9.2 昆明市区淤泥类土分布示意图

桥—呈贡—晋城—晋宁一线向滇池一侧的区域范围内。

按照软土厚度大于2m为不适宜开发的地下空间及其特性进行评价，该类软土非常不利于地下空间开发，且厚度较厚，因此该类区域地下空间开发评价为"不适宜"。

2）淤泥

昆明沼泽相沉积软土主要由在湖相沉积区以外的滨湖地区及一些低洼沼泽湿地的大量淤泥形成，主要分布于昆明市西北及北区，以梁家河—马街地段面积最大。同时该软土层主要赋存于粉砂、细砂、碎石类、黏性土层中。

按照软土厚度1～2m为较不适宜开发的地下空间，沼泽相沉积软土可分为较适宜、较不适宜、不适宜三个等级，但该类土有机质含量相对较低（低于20%），因此，沼泽相沉积区域软土等级为"较不适宜"。

3）淤泥质土

淤泥质土主要在沼泽、河滩相沉积软土中存在，其中河滩相沉积软土（牛轭湖相及河漫滩相）分布在古河道及现代河床两岸的河漫滩，河流截弯取直形成的牛轭湖形成了相应的淤泥类软土堆积，其岩性主要呈灰黑、黑色，有机质含量较高（5%～10%），呈软-流塑状，饱和松软，压缩性高，强度低，该类土体分布很不稳定，多呈夹层或透镜状分布于古河道及现代河床两岸，分布面积小，但相对于淤泥类软土，其适宜性要更高一些。

根据土体条件对地下空间影响分析的相关文献及推荐标准，结合昆明市土体的实际情况，确定软土类型及评分标准，见表9.1，评价结果如图9.3所示，各行政区统计结果如图9.4所示。

表9.1　软土类型及评分标准

软土类型	特征	等级	评分
无已知软土区	无已知软土区域	I级（适宜）	5
淤泥质土（沼泽及河滩相沉积）	呈软-流塑状，饱和松软，压缩性高，强度低	II级（较适宜）	3
淤泥（沼泽相沉积）	有机质含量较高（一般在5%～20%），呈软-流塑状，饱和松软，压缩性高，强度低	III级（较不适宜）	2
泥炭化土（湖相沉积）	湖面在缩小的过程中形成的湖相堆积物，有机质含量极高（平均约34%），呈软-流塑状，高压缩性，层厚3～5m，顶板埋深0～10m	IV级（不适宜）	1

2. 岩层地质

岩层是优质的地下空间资源环境和载体，是岩石圈中尚未风化或未完全风

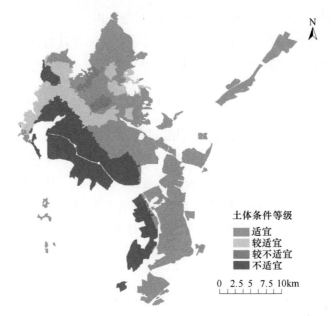

图9.3 土体条件等级评价图

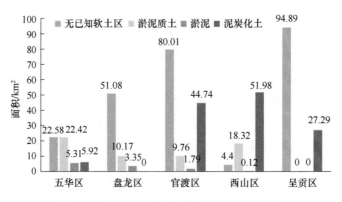

图9.4 各行政区不同土体条件面积统计图

化的组成物质，其中基岩出露地面或覆盖于土层下，随地形起伏出露者一起形成山体或丘陵。地质构造和岩体的工程性质对岩层中洞室开发的难度、洞室围岩的稳定性有决定性的影响。

依据《昆明地区城市地质环境综合评价研究》（云南省第一水文工程地质大队，1990），根据岩石化学成分的百分含量、岩溶率、岩溶发育形态特征及地下水富水性指标等，将其发育程度分成强、中、弱三个等级，如图9.5所示。

1）基础地质

对昆明地质条件影响最为显著的是岩溶现象，其作用原理主要为水对碳酸盐岩、石膏、岩盐等可溶性岩石的化学溶蚀作用，辅以流水对岩石的冲蚀和潜蚀以及崩塌等物理作用，或由上述作用产生的效果总和。岩溶会导致溶洞顶板坍塌、地基沉降、基岩面起伏坡度较大等现象的产生，这是由于破坏了岩体原有的整体性和稳定性，岩体本身的强度降低。同时，岩溶地区由于水文地质条件特别复杂，岩体透水性和含水性降低，容易产生其他新的工程地质问题，往往会对工程建设造成许多不利影响甚至重大灾害，在地下空间工程建设中易造成突水、涌水、岩溶冒落。昆明市城区存在岩溶现象的地区包括：海口、西山、黑

图9.5 昆明地区岩溶程度图

龙潭、圆通山、大板桥附近地区。对主城区工程建设有影响的主要是圆通山、黑龙潭、梁王山、三十亩、西端的岩溶地面。

根据岩石化学成分的百分含量、岩溶率、岩溶发育形态特征及地下水富水性指标等，将其发育程度分成强、中、弱三个等级。

强岩溶发育级：岩性为纯碳酸盐岩，连续厚度大，出露面积广，岩溶个体形态密度一般为7～10个/km²，最多可达14个。地表洼地、漏斗、落水洞星罗棋布，地下管道系统发育，岩溶大泉、伏流、暗河多见。北部、东部地区线岩溶率25%～35%，面岩溶率6%～13%。

中岩溶发育级：岩性为次纯碳酸盐岩，与非碳酸盐岩多呈夹形，出露面积广。岩溶个体形态密度一般1～3个，个别达4～7个。地表溶沟石芽较多，洼地漏斗少见，地下管道系统不发育。东部宜良、路南一带线岩溶率5%～25%，面岩溶率3%～6%。

弱岩溶发育级：岩性不纯，以泥灰岩、泥质白云岩、泥质灰岩为主。无论是地表或地下，岩溶均不发育。线岩溶率小于5%，面岩溶率小于3%。

结合地下空间开发适宜性评价的目的，可以根据岩溶数据将基础地质条件划分为5个等级，具体划分见表9.2，评价结果如图9.6所示，各行政区统计结果如图9.7所示。

表9.2 基础地质等级划分及评分

基础地质类型	特征	等级	评分
非岩溶化区	非岩溶化区、松散层覆盖	Ⅰ级（适宜）	5
弱岩溶化区	弱岩溶化	Ⅱ级（较适宜）	4
中岩溶化区	中岩溶化	Ⅲ级（较不适宜）	3
强岩溶化区	强岩溶化	Ⅳ级（不适宜）	2
岩溶危险区	岩溶洼地、水平溶洞、溶蚀槽谷、天窗、天然竖井、落水洞、岩溶漏斗、伏流等特殊标志区域为不适宜开发区	Ⅴ级（禁建）	1

图9.6 基础地质等级评价图

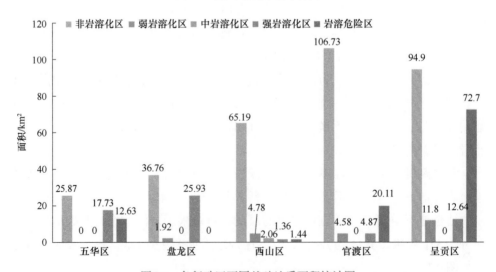

图9.7 各行政区不同基础地质面积统计图

2）工程地质

工程地质受岩石强度、岩体完整程度、基本质量影响，其决定着地下空间工程实施的难度。结合已有资料以及昆明工程地质条件的研究成果（李芸等，2016；夏既胜等，2008；于小芳和谢曼平，2015），确定工程地质条件评价结果，如图9.8所示。由于昆明没有严格的控制建设的区域，将工程地质条件分为三个等级：中度控制建设区（Ⅲ）、适度控制建设区（Ⅱ）、适宜建设区（Ⅰ），见表9.3。评价结果空间分布图如图9.9所示，各行政区统计结果如图9.10所示。

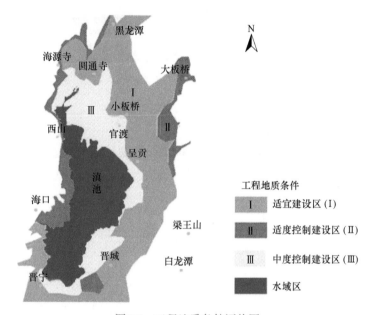

图9.8 工程地质条件评价图

表9.3 工程地质等级划分及评分

类型及特征	等级	评分
岩层长期稳定，无不稳定块体	Ⅰ级（适宜建设区）	5
岩层整体基本稳定，局部可能会产生掉块	Ⅱ级（适度控制建设区）	3
局部稳定性差，强度不足，不支护可能产生塌方或变形	Ⅲ级（中度控制建设区）	1

3. 水文地质

地下水是地层空间的重要环境影响物质和生态系统物质。地下水流向、类型、埋深、富水性、分布、水位变化和腐蚀性对地下空间的规划布局和开发利用有重要影响。同时，地下空间的开发利用对地下水环境和地下水系运动产生影响，大型的地下空间开发可以改变地下水渗流等一系列特性，破坏水的自然

图9.9 工程地质等级评价图

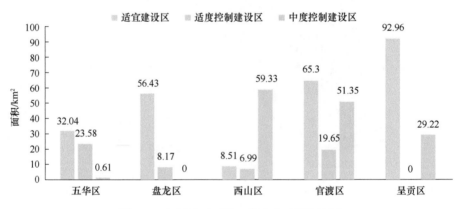

图9.10 各行政区不同工程地质面积统计图

循环和流动,进而影响到生态的可持续发展,并且有可能污染地下水。

1)地下水分布

地质构造、地层岩性决定了地下水的分布,整个地区形成一个以滇池为地表水和地下水最低排泄基准的断陷盆地。昆明地区存在多种类型的地下水,包括碎屑岩裂隙水、基岩裂隙潜水、松散堆积层孔隙水、碳酸盐岩夹碎屑岩裂缝溶洞水、碎屑岩裂隙水等。

根据国家地质资料数据中心提供的1:20万水文地质图,昆明地区存在多种类型的地下水,包括松散堆积层孔隙水、碎屑岩裂隙水、松散孔隙水、基岩裂隙潜水、碎屑岩裂隙水、碳酸盐岩夹碎屑岩裂缝溶洞水等。

根据各类地下水对地下空间开发的影响程度，可以将地下水分布划分为五个等级，见表9.4。评价结果的空间分布如图9.11所示，将其按照行政区域进行统计，结果如图9.12所示。

表9.4 地下水分布等级及评分

类型及特征	等级	评分
松散堆积层孔隙水，富水性弱，泉流量<0.1L/s	I级（适宜）	5
碎屑岩裂隙水，富水性弱，水流量1～2L/s	II级（较适宜）	4
松散孔隙水，富水性强，水流量10～50L/s；基岩裂隙潜水，单井涌水量100～1000m³/d	III级（较不适宜）	3
碎屑岩裂隙水，富水性强，水流量10～100L/s	IV级（不适宜）	2
碳酸盐岩夹碎屑岩裂缝溶洞水等	V级（禁止）	1

图9.11 地下水分布等级评价图

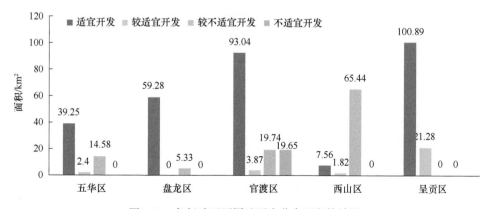

图9.12 各行政区不同地下水分布面积统计图

2）地下水腐蚀性

根据从国家地质资料数据中心查询的1:250万云南省地下水环境图可知，昆明地区地下水存在酚、硝酸盐氮等污染。酚、硝酸盐氮等对地下空间设施具有一定腐蚀性，降低了该类地区地下空间开发的适宜性。

可以根据是否存在地下水腐蚀进行地下空间适宜性评价，确定地下水腐蚀性等级及评分，见表9.5，评价结果如图9.13和图9.14所示。

表9.5 地下水腐蚀性等级及评分

地下水腐蚀性类型	等级	评分
无污染区	Ⅰ级（适宜）	5
酚、硝酸盐氮污染区	Ⅱ级（不适宜）	1

图9.13 地下水腐蚀性等级评价图

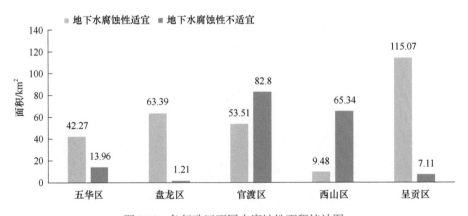

图9.14 各行政区不同水腐蚀性面积统计图

4. 不良地质

昆明市不良地质主要考虑两个方面：一方面是地质断裂带，另一方面是地震风险等级。地震风险等级图，参考《昆明城市总体规划（2011—2020）》给出的昆明地震灾害风险等级图，如图9.15所示。

因为地下空间藏于地表以下岩土中，所以其受地震产生的鞭梢效应比地面建筑要小，而且会受到周围岩土体的围护作用。也就是说，同一地震强度下，地下空间的建构筑物抗震能力要高于地面空间设施。但地震对线形地下设施，如地铁隧道、市政管廊

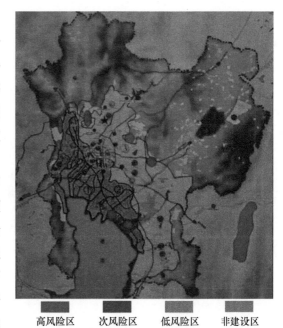

高风险区　　次风险区　　低风险区　　非建设区

图9.15　地震灾害风险等级图

等的影响仍然特别显著。虽然总体上地下空间比地上空间更有利于抵抗地震的破坏，但是当其他不良地质现象与地震组合发生时，其破坏力很大。昆明被夹在著名的小江南北向强震带和易门南北向中强地震带之间，并直接处于普渡河南北向中强地震带上。此外，南部有北西向的通海-石屏地震带；西部有近南北向的汤郎-易门中强地震带；东部有强地震活动区向弱地震活动区过渡的宣威-弥勒地震带。其中，小江强震带对昆明地区的影响处于主要地位，普渡河中强地震带、汤郎-易门中强地震带和区外通海-石屏地震带也有一定的影响，因此地震必须作为适宜性评价的一个要素来考虑。

昆明市地震风险等级整体较低，地震烈度、最大震级等均比较低，整体适宜地下空间开发，根据《昆明城市总体规划（2008—2020）》，可将昆明地震灾害风险划分为三个等级：地震灾害低风险区、地震灾害次风险区、地震高风险区。地震灾害风险等级及评分结果见表9.6，评价结果如图9.16和图9.17所示。

表9.6　地震灾害风险等级及评分

地震灾害风险类型	等级	评分
地震灾害低风险区	Ⅰ级（适宜）	4
地震灾害次风险区	Ⅱ级（较适宜）	3
地震灾害高风险区	Ⅲ级（不适宜）	1

图9.16 地震灾害风险等级评价图

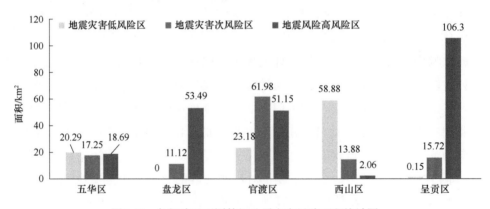

图9.17 各行政区不同等级地震灾害风险面积统计图

5. 限制性要素排除

地下空间开发利用会受到一些人为不可改变的因素的影响，即存在极限条件的限制。通常采用逐项排除的方法对极限型要素进行处理。其主要排除两部分：一部分是因不良地质条件而不适宜进行地下空间开发的空间区域；另一部分是城市规划和生态保护禁止实施地下空间开发的空间区域以及规划特殊用地等。在此基础上，对排除区域以外的地下空间予以合理的规划开发。

断裂带会给断层沿线的地下空间带来不稳定因素，一方面断裂带沿线的施工过程中的防水和支护技术的难度相对较高，且断裂带沿线的地下建筑物极易下沉、断裂、倾斜，甚至会产生严重的漏水问题；另一方面还要考虑断裂带的不断活动会对地下空间建筑构成威胁，投入使用后的维护成本变高。因此，地下空间在规划阶段就应避开断裂带沿线。

地质活动断层对地下空间的规模开发有较大的影响，昆明市中心城市范围内影响地下空间开发的地质活动断层主要有7条：普渡河－西山断裂（断裂1）、普吉－韩家村断裂（断裂2）、蛇山断裂（断裂3）、黑龙潭－官渡断裂（断裂4）、白邑－横冲断裂（断裂6）、富民－呈贡断裂（断裂13）、大春河－一朵云断裂（断裂15）。在数据处理的过程中排除断裂带沿线两侧200m范围内的断裂带限制区，如图9.18所示。

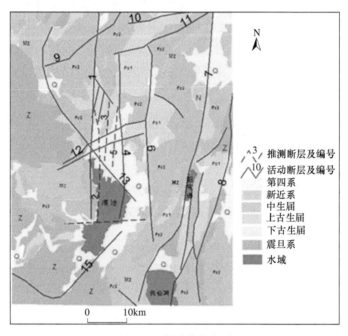

图9.18 断裂带分布图

图中字母表示界、系

生态保护禁止开发的部分以地表水域为主，主要包括河流、人工水体和滇池，相关区域禁止地下空间开发；城市规划的生态隔离带与禁建区要求加强生态建设、强化水土保持，禁止一般的地下空间开发建设，大型生态绿地（包括大型生态性公园、生态廊道、生态湿地、滨河公园、郊野公园等）应以生态建设为主，更侧重于发挥绿地的水涵养和水渗透作用，禁止一般的地下空间开发。

9.1.2 适宜性综合评价

　　为了直观地表达地下空间开发适宜性评价结果，对评价得分进行分级。对于适宜区（Ⅰ级），该类区域地质条件良好，区域内基本无不良地质现象，工程上无须采用额外的防护措施，进行地下空间开发相对较为经济；对于较适宜区（Ⅱ级），该类区域存在一定的不利因素，但不利因素不占据主导地位，通过简单的防范措施即可解决，应做好止水措施以及加强边坡防护；对于较不适宜区（Ⅲ级），该类区域存在较为明显的不利因素，如果进行地下空间开发需要采用合理的施工工艺和防水止水措施，其较复杂，开发成本较高；对于不适宜区（Ⅳ级），该类区域地质条件差，属建筑危险区。不利因素较多或某项主导不利因素难以处理，开发时需要采用成本很高的防范措施，除开发需求特别强烈外，不建议开发；对于禁建区域（Ⅴ级），该类区域的不利因素极易造成危害，一旦危害发生可能对地下空间设施造成破坏，因此，建议禁止开发地下空间，一些线状或网络状地下设施穿越此类区域时，需要进行详细论证，并采取足够的防范措施。

　　昆明市大部分地下空间开发利用适宜性为适宜、较适宜，这些区域适合兴建各种形式的地下工程，评价结果如图9.19所示。

图9.19　昆明市地下空间开发适宜性评价

昆明市地下空间开发适宜性统计结果如图9.20所示，适宜区开发面积为137.99km²，占总面积的30.42%；较适宜区开发面积为163.50km²，占总面积的36.05%，两者合计301.49km²，占66.47%，但其中软土、岩溶对昆明市的地下空间开发的影响显著。昆明长水国际机场属于强岩溶区域，较不适宜开发，地下空间开发时应进行详细勘查；滇池周边为湖相沉积泥炭化土，软土厚度大，有机质含量极高，较适宜开发，但在开发过程中应进行详细勘探，并在建设过程中做好地下空间涌水、突水等防护措施，在建成后定期进行地下空间变形监测检测；昆明市断裂带影响显著，需进一步详细勘探，明确其对地下空间开发的影响。

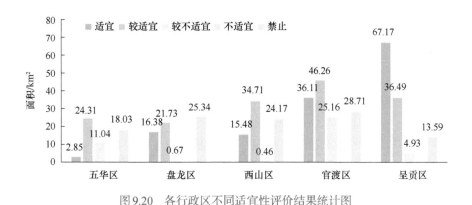

图9.20　各行政区不同适宜性评价结果统计图

>>> 9.2　地下空间开发社会经济价值评价

9.2.1　社会经济价值影响要素评价

影响地下空间社会经济价值的主要因素包括：空间区位、人口状况、交通状况、土地资源状况等。

1. 空间区位

通过对中心城区空间结构规划图进行矢量化处理，可得到空间区位要素数据，将空间区位划分为城市中心、片区中心、城市发展片区和城市一般区域4类，见表9.7，由城市空间区位等级分布图与地下空间规划地块图叠加，即可得到空间区位等级图，如图9.21和图9.22所示。

表9.7 昆明市不同城市空间区位社会经济价值等级

空间区位类型	特点	等级	评分
城市中心	建筑密度大，人口密集，对地下空间开发需求高	Ⅰ级（价值高）	5
片区中心	区级行政中心、商业中心、文化旅游中心等，开发地下空间需求较大	Ⅱ级（价值较高）	4
城市发展片区	城市中心、片区中心辐射区域，地下空间有一定的需求	Ⅲ级（价值中等）	3
城市一般区域	地面开发强度一般或较小，人流密度较小，对地下空间的开发需求较小	Ⅳ级（价值较低）	1

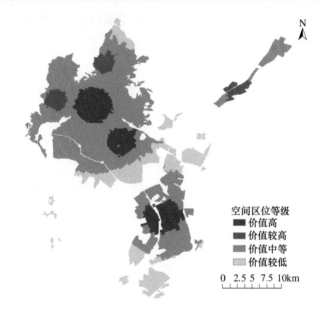

图9.21 空间区位等级图

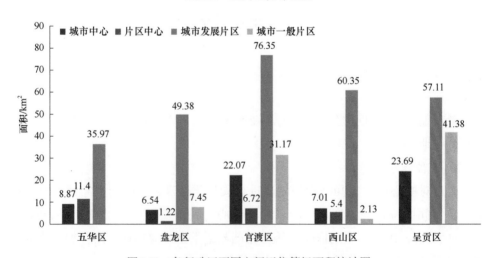

图9.22 各行政区不同空间区位等级面积统计图

2．人口状况

城市人口密度，是指某区域内人口总数量与区域土地面积的比值，是反映城市资源和空间紧缺程度的重要指标。城市人口规模、人口密度和人口组成结构等因素会影响地下空间开发需求的强度和利用类型，进而影响地下空间开发的社会经济价值。单位土地面积上的人口对空间资源、交通资源和市政设施资源需求越强烈，资源的开发价值就越大。也就是说，人口密度越大，对地下空间的需求量越大，地下空间资源产生的价值就越高。

昆明市主城区由五华区、盘龙区、官渡区、西山区以及呈贡区五个区组成，依据城市人口密度与对应的地下空间资源社会经济开发价值之间的影响关系，参考城市规划用地标准和城市人口密度指标情况，并结合各区人口密度（表9.8），利用适当的分级方法，将不同人口密度区间的地下空间开发社会经济价值进行分级，见表9.9。并通过对人口热力图进行矢量化处理，提取人口密度要素数据，对该要素进行分级，与地下空间规划地块相叠加，即可得到人口密度等级图，如图9.23和图9.24所示。

表9.8 昆明市主城区各区人口密度

主城区	建成区面积/km²	常住人口/万人	人口密度/（万人/km²）
五华区	40.86	85.5521	2.0938
盘龙区	45.79	80.9881	1.7687
官渡区	51.21	85.3371	1.6664
西山区	42.14	75.3813	1.7888
呈贡区	40.00	31.0843	0.7771

表9.9 不同区域人口密度的社会经济价值等级

人口密度	人口密度/（万人/km²）	等级	评分
极度稠密	>2.0	Ⅰ级（价值高）	5
非常稠密	1.5~2.0	Ⅱ级（价值较高）	4
稠密	1.0~1.5	Ⅲ级（价值中等）	3
不稠密	0.5~1.0	Ⅳ级（价值较低）	2
稀疏	<0.5	Ⅴ级（价值低）	1

3．交通状况

交通状况是衡量一个城市运转效率和活力的重要指标。随着城市人口数量和车辆数量的不断增加，国内许多大城市逐渐陷入交通瘫痪、人流车流混杂、停车位紧张的尴尬境况。开发城市地下交通空间是解决城市交通问题的重要途径，是城市交通立体化分流控制的重要手段和发展方向。与此同时，城市交通

图9.23　人口密度等级图

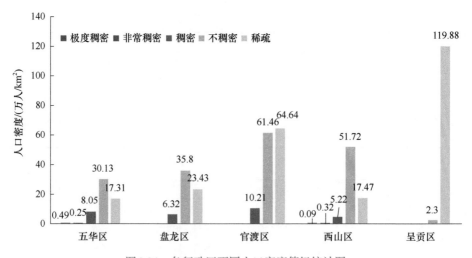

图9.24　各行政区不同人口密度等级统计图

的发展，特别是轨道交通的发展，对周边地价和地下空间（管线）资源开发社会经济价值的影响非常显著。

1）轨道交通

轨道交通主要由地下交通系统（地铁、地下道路）和地面交通系统组成。根据地下空间开发技术成熟的国家的经验，大多数城市地下空间开发都是以地铁为主要发展轴线、以地铁站点为发展源的点、线结合方式发展，并最终形成网络。由此可以看出，地铁在城市地下空间的开发价值中起着决定性的作用。结合昆明市的实际情况，轨道站的类型分为四类：综合枢纽站、市中心站、换乘站、一般站点。综合枢纽站是轨道交通和其他重要交通方式交汇的站点，这类站点拥有最密集的客流量，交通便利；市中心站吸引人群的能力最强，是城市重点发展的区域，开发强度最大；换乘站的主要功能是衔接各个道路，形成四通八达的交通路线，一般这类站点多设于标志性建筑、小区、景点等位置，以站点为中心500m范围内的开发强度比较高；一般站点的开发强度一般，这种类型的站点多服务于小范围活动的消费者。

不同的站点类型吸纳的人流量不同、所处的位置不同、用途不同，对地下空间的需求程度也就不同，那么开发地下空间所带来的经济价值也会受其影响。因此，结合国内外相关经验，从轨道交通站点的重要性及开发区域与轨道交通站点的距离两个方面，将不同轨道交通站点附近的区域依据地下空间价值划分等级。轨道交通站点类型及距离的开发价值等级划分见表9.10。在昆明市城市地下空间规划管理通用背景电子地图1：1万的比例尺下，筛选"POI-交通"图层的地铁站点数据，划分站点的等级，并根据站点等级，做出每个站点的200m、500m、1000m的缓冲区，形成轨道交通等级图，将其与地下空间规划地块图叠加，即可得到轨道交通等级图，如图9.25所示。按照行政区域统计的结果如图9.26所示。

表9.10 轨道交通站点类型及距离的开发价值等级

特点	等级	评分
综合枢纽站：≤500m 市中心站：≤200m	I 级（开发价值高）	5
综合枢纽站：500~1000m 市中心站：200~500m 换乘站：≤200m	II 级（开发价值较高）	4
市中心站：500~1000m 换乘站：200~500m 一般站点：≤200m	III 级（开发价值中等）	3
换乘站：500~1000m 一般站点：200~1000m	IV 级（开发价值较低）	2
距离交通站点均大于1000m	V 级（开发价值低）	1

2）道路运行情况

道路交通运行指数是衡量道路交通运行情况的量化指标，是对路网交通总体运行状况进行定量化评估的综合性指标。道路交通运行指数在一定程度上反

图 9.25 轨道交通等级图

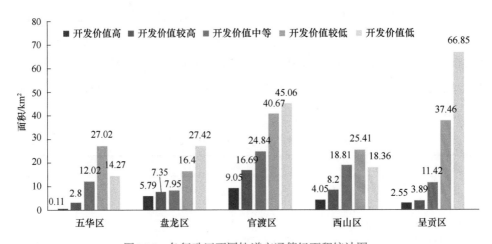

图 9.26 各行政区不同轨道交通等级面积统计图

映了道路的运行状况,道路交通运行指数越高,道路越拥堵。截至2017年末,昆明市中心城区已建成1577km的宽度15m以上的道路,路网密度达4.4km/km²,构建了"四环二十五射"的骨干路网,基本建成片区支撑性道路。昆明市作为云南省的公路运输中心,市内交通发达,2017年末全市机动车保有量215.07万辆。昆明市道路交通存在拥堵情况,结合昆明市特点,根据高德地图实时路况图,将拥堵情况分为四级:严重拥堵、拥堵、缓行和基本畅通(表9.11)。道路越拥堵,拥堵延迟指数越高。矢量化区域拥堵指数、商圈拥堵指数、道路拥堵指数分布图,提取道路运行情况要素并对该要素划分等级,生成交通运行状态等级图，如图9.27所示，按照行政区域统计的结果如图9.28所示。

表9.11 交通拥堵等级评分

交通运行状态	拥堵延迟指数	等级	评分
严重拥堵	>2.1（比畅通时多耗时1.1倍以上）	Ⅰ级（价值高）	5
拥堵	1.8～2.1（比畅通时多耗时80%至1.1倍）	Ⅱ级（价值较高）	4
缓行	1.5～1.8（比畅通时多耗时50%～80%）	Ⅲ级（价值中等）	3
基本畅通	1.0～1.5（比畅通时多耗时0%～50%）	Ⅳ级（价值较低）	2

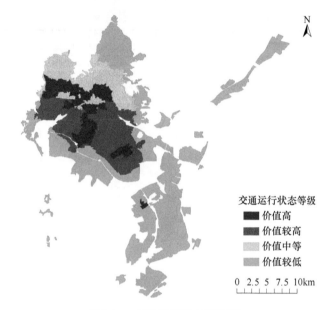

图9.27 交通运行状态等级图

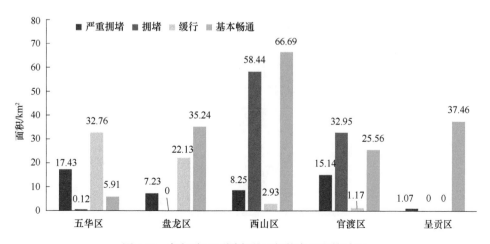

图9.28 各行政区不同交通运行状态面积统计图

3）停车配建

随着城市机动车拥有量的增加，地面的停车配建逐渐难以满足停车需求，地下的停车配建成为解决地面空间不足的有效途径。不同的区域因其功能不同，对停车配建的需求程度也不同。一般商务办公用地、一类居住用地、一类行政办公用地对停车配件需求比较高，对地下空间的需求也比较高，进而地下空间开发的价值也就相对比较高。参考现有的研究成果，对昆明市主城区不同功能用地对地下停车配建的需求进行分级，见表9.12，结果如图9.29所示。

表9.12 不同停车配建指标值的社会经济价值等级

特征描述	地下停车需求比例/%	等级	评分
以商务办公用地、一类居住用地、一类行政办公用地为主	90~100	Ⅰ级（价值高）	5
以居住用地、行政办公用地、商业用地为主	80~90	Ⅱ级（价值较高）	4
文娱设施用地、广场用地、医疗卫生用地、教育用地	60~80	Ⅲ级（价值中等）	3
特殊用地、工业用地、仓储用地	40~60	Ⅳ级（价值较低）	2
仓储物流用地、工业用地	20~40	Ⅴ级（价值低）	1

停车配建等级
- 价值高
- 价值较高
- 价值中等
- 价值较低
- 价值低

0 2.5 5 7.5 10km

图9.29 停车配建等级图

4. 土地资源状况

在城市土地资源方面，基准地价、土地开发强度、用地类型是影响地下空间开发的主要要素。

1）基准地价

基准地价体现的是土地利用所能产生的经济价值和成本，是在城市规划范围内，按照商业、居住、工业、办公等不同土地类型，根据地理位置、交通、环境等条件确定的法定最高年限土地使用权的区域平均价格。

地下空间开发是对城市土地资源的拓展和延伸。研究表明，地下空间开发所带来的土地资源价值的增量和节省的土地资源量与地价成正比。也就是说，基准定价越高，土地综合质量越高，创造的经济收益越大。通过阅读大量文献和参考相关资料，本书将昆明市的地价分为四大类：商业用地地价、居住用地地价、工业用地地价和公共建筑用地地价。根据不同区域的基准地价等级，确定对应的地下空间开发社会经济价值等级，见表9.13。并将商业用地、居住用地、工业用地和公共建筑用地地价图经矢量化的要素数据与地下空间规划地块相叠加，按照表9.13对不同地价进行分级，最终得到地价等级图，如图9.30所示。各行政区统计的结果如图9.31所示。

表9.13　不同基准地价对应的社会经济价值等级

分级标准		等级	评分
商业用地	>6000	Ⅰ级（价值高）	5
居住用地	>3000		
工业用地	>500		
公共建筑用地	>500		
商业用地	5000~6000	Ⅱ级（价值较高）	4
居住用地	2500~3000		
工业用地	450~500		
公共建筑用地	450~500		
商业用地	4000~5000	Ⅲ级（价值中等）	3
居住用地	2000~2500		
工业用地	400~450		
公共建筑用地	400~450		
商业用地	2500~4000	Ⅳ级（价值较低）	2
居住用地	1500~2000		
工业用地	<400		
公共建筑用地	350~400		

分级标准		等级	评分
商业用地	<2500		
居住用地	<1500	V级（价值低）	1
公共建筑用地	<350		

图9.30　地价等级图

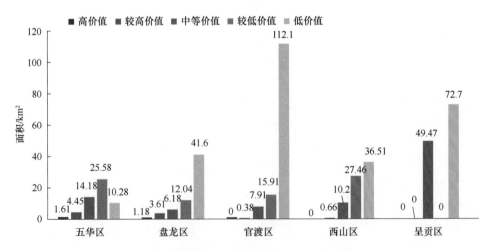

图9.31　各行政区不同地价等级面积统计图

2）土地开发强度

随着城市的快速发展，城市里逐渐建起了大量的建筑物，并且建筑的楼层越来越高，地面建筑物的密度也越来越大，使得地面开发强度增大，城市地上资源日益紧张，导致城市环境恶化。城市地面开发强度越大，开发利用地下空间资源的需求就越迫切，因此应缓解地面空间用地紧张等问题。

地面建筑容积率、地面建筑密度等指标能够反映土地的开发强度，其中建筑容积率是目前世界上大部分城市开发强度控制的主要指标。建筑容积率是建筑使用面积与地下空间容量所折合的总面积的比值。参考其他城市土地开发强度的划分等级，结合地面建设强度的分级以及昆明市不同建设项目类别的容积率，对地面建筑容积率对应的地下空间开发社会经济价值等级进行划分，结果见表9.14。对土地开发强度分布图（昆明市总体规划）进行矢量化处理，得到土地开发强度要素数据，将其与地下空间规划地块叠加，并按照表9.14对土地开发强度进行分级，即可得到土地开发强度等级图，如图9.32所示。

表9.14 不同土地开发强度对应的社会经济价值等级

地面建筑容积率	等级	评分	地面建筑容积率	等级	评分
>3.0	Ⅰ级（价值高）	5	0.75~1.0	Ⅳ级（价值较低）	2
1.6~3.0	Ⅱ级（价值较高）	4	<0.75	Ⅴ级（价值低）	1
1.0~1.6	Ⅲ级（价值中等）	3			

图9.32 土地开发强度等级图

3）用地类型

合理的城市土地开发类型是城市健康发展的重要保障。在制定城市发展规划时，应根据城市发展的需要，对城市的土地开发利用类型做出相应的规定。不同的土地开发利用类型，对地下空间开发利用产生的经济、社会效益以及对地下空间开发需求和强度各不相同。按城市用地功能的不同，可以将城市用地分为商业服务业设施用地、行政办公用地、居住用地、道路与交通设施用地、工业用地等。

童林旭在《城市地下空间资源评估与开发利用规划》中论述了用地类型对地下空间资源需求及价值的影响。结合《昆明城市总体规划（2011—2020）》对土地开发类型的划分结果，将其对应的地下空间开发社会经济价值分为5级，见表9.15。将CAD格式的土地利用性质数据转成SHP数据，将其与规划地块进行叠加，即可生成土地利用性质图。根据分级规则，最终得到不同用地类型社会经济价值等级图，如图9.33所示。

表9.15　不同用地类型对应的社会经济价值等级

用地类型	等级	评分
行政办公用地、商业服务业设施用地、文化设施用地、娱乐休闲用地	Ⅰ级（价值高）	5
道路与交通设施用地、公园绿地、广场用地	Ⅱ级（价值较高）	4
居住用地、教育科研用地、医疗卫生用地、体育用地	Ⅲ级（价值中等）	3
仓储物流用地、工业用地	Ⅳ级（价值较低）	2
水域、湿地公园、防护用地、特殊用地	Ⅴ级（价值低）	1

图9.33　不同用地类型社会经济价值等级图

9.2.2 社会经济价值综合评价

为了直观地表达地下空间社会经济价值评价结果，对评价得分进行分级。对于Ⅰ级地下空间开发社会经济价值高的区域，其人口、建筑密度大，对地下空间开发的需求大；对于Ⅱ级地下空间开发社会经济价值较高的区域，其人口、建筑密度较大，对地下空间开发的需求较大；对于Ⅲ级地下空间开发社会经济价值中等的区域，其对地下空间开发的需求中等；对于Ⅳ级地下空间开发社会经济价值较低的区域，其对地下空间开发的需求不是很高；对于Ⅴ级地下空间开发社会经济价值低的区域，没有必要开发地下空间。

根据昆明市空间区位的重要程度、人口密度情况、城市轨道交通分布情况以及土地资源情况，采用层次分析法对各个影响要素进行定量评价。根据评价结果可知，昆明市地下空间开发社会经济价值最高的区域位于一环以内，社会经济价值较高的区域主要分布在一环周边区域及呈贡区。昆明市主城区地下空间开发社会经济价值中等及以上面积所占比例为55.16%，其中社会经济价值高的面积所占比例为1.05%；社会经济价值较高的面积所占比例为11.28%；社会经济价值中等的面积所占比例为42.83%，评价结果如图9.34所示，按照行政区域统计的结果如图9.35所示。

图9.34 昆明市地下空间开发社会经济价值评价

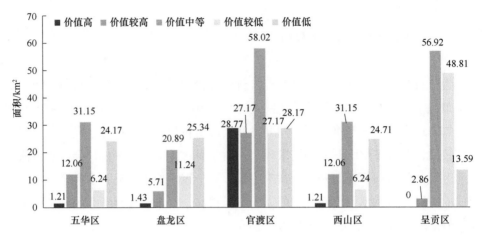

图9.35 各行政区地下空间开发社会经济价值面积统计图

地下空间开发的社会经济价值与城市的规划密切相关，如城市规划的重点和一般区域、配套设施是否齐全都会影响对地下空间的需求。昆明市中心城区未来发展方向是向呈贡区、大板桥地区及空港新区拓展，这三个地区对城市空间的需求会增大，因此在城市空间资源有限的情况下，地下空间的开发价值与地位在逐渐上升。

>>> 9.3 地下空间可供有效利用容量估算

9.3.1 各行政区可供合理开发容量估算

根据上述地下空间容量估算模型，计算可供合理开发的地下空间容量。研究区域总面积为490km²，浅层可供合理开发容量为26.7亿m³，按5m层高计算，浅层地下空间可提供5.3亿m²的建筑面积；次浅层可供合理开发容量约为94.8亿m³，按5m层高计算，次浅层地下空间可提供19.0亿m²的建筑面积。可供合理开发容量的建筑面积共24.3亿m²，相当于五华区、盘龙区、西山区、官渡区、呈贡区建成区面积总和的5.3倍。

1）五华区

五华区浅层可供合理开发容量为3.2亿m³，按5m层高计算，浅层地下空间可提供0.7亿m²的建筑面积；次浅层可供合理开发容量约为11.7亿m³，按5m

层高计算，次浅层地下空间可提供2.3亿m²的建筑面积。各用地类型容量及占比见表9.16和图9.36。

表9.16 五华区地下空间可供合理开发容量

用地类型	次浅层可供合理开发容量/万m³	百分比/%	浅层可供合理开发容量/万m³	百分比/%
道路与交通设施用地	93.17	0.08	41.41	0.13
防护绿地	11175.56	9.57	4966.92	15.32
工业用地	14804.48	12.68	3701.12	11.42
公用设施用地	77.00	0.07	34.22	0.11
公园绿地	5118.56	4.38	2274.92	7.02
广场用地	149.83	0.13	66.59	0.21
行政办公用地	12116.96	10.38	3029.24	9.34
教育科研用地	282.62	0.24	70.65	0.22
居住用地	62407.17	53.44	15601.79	48.12
其他商务用地	530.65	0.45	132.66	0.41
商业服务设施用地	2868.68	2.46	717.17	2.21
水域	4857.13	4.16	1214.28	3.75
特殊用地	1881.13	1.61	470.28	1.45
体育用地	244.58	0.21	61.15	0.19
娱乐康体用地	162.42	0.14	40.61	0.13
总计	116769.94	100.00	32423.01	100.00

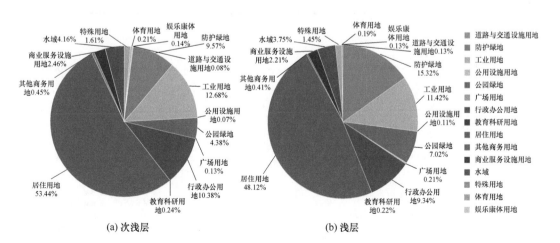

图9.36 五华区浅（次浅）层可供合理开发容量

2）盘龙区

盘龙区浅层可供合理开发容量为3.5亿m³，按5m层高计算，浅层地下空间可提供0.7亿m²的建筑面积；次浅层可供合理开发容量约为13.2亿m³，按5m层高计算，次浅层地下空间可提供2.4亿m²的建筑面积。各用地类型容量及占比见表9.17和图9.37。

表9.17　盘龙区地下空间可供合理开发容量

用地类型	次浅层可供合理开发容量/万m³	百分比/%	浅层可供合理开发容量/万m³	百分比/%
道路与交通设施用地	244.49	0.19	108.66	0.31
防护绿地	6203.21	4.70	2756.98	7.83
工业用地	15043.93	11.39	3760.98	10.69
公用设施用地	534.11	0.40	237.38	0.67
公园绿地	3631.00	2.75	1613.78	4.59
广场用地	535.33	0.41	237.93	0.68
行政办公用地	7393.56	5.60	1848.39	5.25
教育科研用地	695.17	0.53	173.79	0.49
居住用地	85340.87	64.60	21335.22	60.62
商业服务设施用地	1084.44	0.82	271.11	0.77
水域	7875.14	5.96	1968.79	5.59
特殊用地	399.07	0.30	99.77	0.28
医疗卫生用地	72.27	0.05	18.07	0.05
娱乐康体用地	3046.70	2.31	761.68	2.16
总计	132099.30	100.00	35192.52	100.00

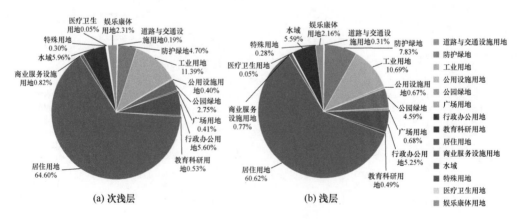

图9.37　盘龙区浅（次浅）层可供合理开发容量

3）西山区

西山区浅层可供合理开发容量为4.2亿m³，按5m层高计算，浅层地下空间可提供0.8亿m²的建筑面积；次浅层可供合理开发容量约为15.4亿m³，按5m层高计算，次浅层地下空间可提供3.1亿m²的建筑面积。各用地类型容量及占比见表9.18和图9.38。

表9.18　西山区地下空间可供合理开发容量

用地类型	次浅层可供合理开发容量/万m³	百分比/%	浅层可供合理开发容量/万m³	百分比/%
道路与交通设施用地	375.70	0.24	166.98	0.40
防护绿地	4286.51	2.78	1905.12	4.56
工业用地	2699.44	1.75	674.86	1.62
公用设施用地	531.43	0.35	236.19	0.57
公园绿地	11298.06	7.34	5021.36	12.03
广场用地	247.75	0.16	110.11	0.26
行政办公用地	19003.09	12.34	4750.77	11.38
教育科研用地	480.61	0.31	120.15	0.29
居住用地	88916.46	57.74	22229.12	53.24
商业服务设施用地	5720.03	3.71	1430.01	3.42
水域	13928.98	9.05	3482.24	8.34
特殊用地	652.95	0.42	163.24	0.39
体育用地	253.19	0.16	63.30	0.15
文化设施用地	100.14	0.07	25.03	0.06
医疗卫生用地	149.33	0.10	37.33	0.09
娱乐康体用地	5158.43	3.35	1289.61	3.09
宗教用地	190.72	0.12	47.68	0.11
总计	153992.81	100.00	41753.09	100.00

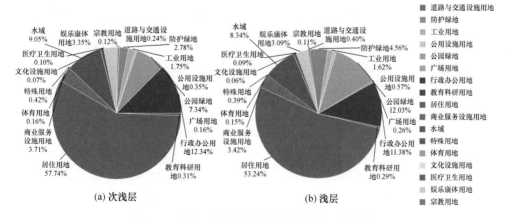

图9.38　西山区浅（次浅）层可供合理开发容量

4）官渡区

官渡区浅层可供合理开发容量为8.3亿m³，按5m层高计算，浅层地下空间可提供1.7亿m²的建筑面积；次浅层可供合理开发容量约为28.7亿m³，按5m层高计算，次浅层地下空间可提供5.8亿m²的建筑面积。各用地类型容量及占比见表9.19和图9.39。

表9.19   官渡区地下空间可供合理开发容量

用地类型	次浅层可供合理开发容量/万m³	百分比/%	浅层可供合理开发容量/万m³	百分比/%
仓储物流用地	2168.81	0.75	542.20	0.65
道路与交通设施用地	563.28	0.20	250.35	0.30
防护绿地	33829.99	11.77	15035.55	18.13
工业用地	38731.08	13.48	9682.77	11.68
公用设施用地	527.47	0.18	234.43	0.28
公园绿地	21083.12	7.34	9370.28	11.30
广场用地	923.17	0.32	410.30	0.49
行政办公用地	18314.96	6.37	4578.74	5.52
教育科研用地	1322.87	0.46	330.72	0.40
居住用地	131546.86	45.78	32886.71	39.67
区域交通设施用地	1528.58	0.53	382.15	0.46
商业服务设施用地	5163.37	1.80	1290.84	1.56
水域	25367.99	8.83	6342.00	7.65
特殊用地	4640.10	1.61	1160.03	1.40
文化设施用地	490.19	0.17	122.55	0.15
医疗卫生用地	365.40	0.13	91.35	0.11
娱乐康体用地	799.33	0.28	199.83	0.24
总计	287366.57	100.00	82910.79	100.00

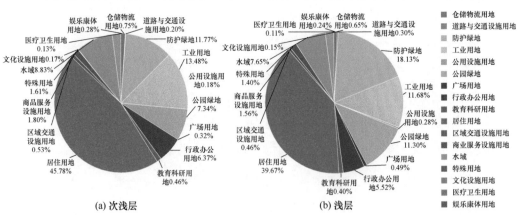

(a) 次浅层   (b) 浅层

图9.39   官渡区浅（次浅）层可供合理开发容量

5）呈贡区

呈贡区浅层可供合理开发容量为7.4亿m³，按5m层高计算，浅层地下空间可提供1.5亿m²的建筑面积；次浅层可供合理开发容量约为25.7亿m³，按5m层高计算，次浅层的地下空间可提供5.2亿m²的建筑面积。各用地类型容量及占比见表9.20和图9.40。

表9.20　呈贡区地下空间可供合理开发容量

用地类型	次浅层可供合理开发容量/万m³	百分比	浅层可供合理开发容量/万m³	百分比
仓储物流用地	1219.09	0.47	304.77	0.41
道路与交通设施用地	5178.25	2.01	2301.44	3.10
防护绿地	12909.91	5.01	5737.74	7.73
工业用地	48233.99	18.73	12058.50	16.25
公用设施用地	270.96	0.11	120.43	0.16
公园绿地	30574.80	11.88	13588.80	18.31
广场用地	1644.76	0.64	731.00	0.99
行政办公用地	16047.27	6.23	4011.82	5.41
教育科研用地	14210.89	5.52	3552.72	4.79
居住用地	88972.22	34.56	22243.05	29.98
其他商务用地	1638.17	0.64	409.54	0.55
区域交通设施用地	414.71	0.16	103.68	0.14
商业服务设施用地	9545.37	3.71	2386.34	3.22
社会福利用地	145.38	0.06	36.34	0.05
水域	17487.94	6.79	4371.98	5.89
特殊用地	941.71	0.37	235.43	0.32
体育用地	239.86	0.09	59.97	0.08
文化设施用地	810.50	0.31	202.63	0.27
医疗卫生用地	1078.48	0.42	269.62	0.36
娱乐康体用地	5902.24	2.29	1475.56	1.99
总计	257466.51	100.00	74201.37	100.00

由此可见，地下空间容量具有非常大的开发潜力，在保证地上地下既有建筑物及其他设施安全和生态可持续发展的基础上，合理开发地下空间，可有效缓解城市土地资源紧张，促进地下空间与城市整体同步发展，其对于推动城市由外延扩张式向内涵提升式转变，改善城市环境，建设宜居城市，提高城市综合承载能力具有重要意义。

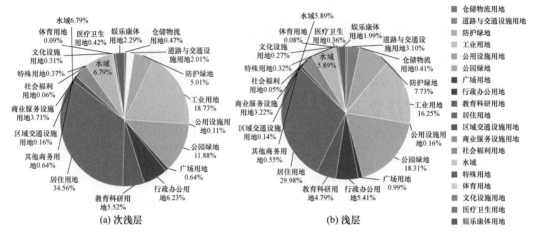

图9.40   呈贡区浅（次浅）层可供合理开发容量

9.3.2   地下空间可供有效利用容量估算

由于容量并不直接用于对资源开发规模的预测和编制，所以一般采用估算的办法就可以满足数据精度的要求。传统的估算方法是用岩石采矿的正常采空率类比地下空间可供有效利用岩土层的空间比例。为了简便以及比较不同地块，通常按照地下空间天然总体积的40%进行估算（陈吉祥等，2018）。但是，这种根据面积估算的地下空间容量是地下空间容量的理想值，实际情况通常要同时考虑土体条件、岩土体性质、水文条件、不良地质及地面开发现状等因素，这些因素会影响地下空间开发利用环境的协调性，不能准确地体现地下空间可开发利用的容量，因此对地下空间的规划开发和利用不能提供有效的参考与指导。

因此，本书考虑昆明市地下空间开发利用现状及趋势，对地下空间容量评价按照浅层（-15～0m）、次浅层（-30～-15m）两个竖向层次进行估算。同时考虑地质条件以及现状制约的综合影响，确定地下空间可供有效利用的密度系数，并将其与可供合理开发容量相乘，求得可供有效利用的地下空间容量。具体估算步骤如下：

（1）明确容量估算范围，即地下空间可开发利用的适宜性分区范围。

（2）采用"矢量数据平面单元＋竖向分层"的方式，分析和计算评价单元的评价要素。

（3）根据城市规划建设合理密度的指标范围，考虑基础协调系数以及现状制约系数的综合影响，确定地下空间容量的有效利用密度系数。

（4）求取估算单元的地下空间可供合理开发容量，将其与地下空间有效利用密度系数相乘，求得可供有效利用的地下空间容量。

（5）采用当量换算法，按一定层高参数把可供有效利用的地下空间容量折算成当量建筑面积。

1.　容量评价模型的建立

传统的地下空间容量评价模型为

$$V_{合理}=0.4\times V_{自然}=0.4S\times H \tag{9.1}$$

式中，$V_{合理}$为可供合理开发容量；$V_{自然}$为天然资源量；S为评价面积；H为评价深度；0.4为固定系数。

容量评价模型中如果直接用固定系数计算容量会存在问题，评价结果会产生明显的偏差，因此不能准确地评价地下空间资源容量，故需采用综合系数评价模型来确定地下空间资源容量。

评价区域地下空间资源可供有效利用容量应为

$$V_{有效}=k\times V_{合理} \tag{9.2}$$

式中，$V_{有效}$为可供有效利用容量；$V_{合理}$为可供合理开发容量；k为可供有效利用密度系数，这个系数是由开发现状和综合评价等级确定的。

2.　可供有效利用密度系数的确定

从地下空间开发技术的角度出发，需要考虑地下空间建设的现状。根据建设现况可以将中心城划分为可开发区、一级制约区、二级制约区三大类。

可开发区是尚未进行地上建筑、地下空间开发的地区，单纯从建设情况来看此区没有开发阻力；

一级制约区是旧城、旧村、旧厂等具备更新改造条件，下一步可结合旧城改造进行地下空间开发的地区；

二级制约区是城市已建、在建地区，基本不具备地下空间再统筹开发的地区。

浅层和次浅层范围内的地下空间可供有效利用密度系数：

（1）浅层的地下空间可供有效利用容量按适宜性评价的等级不同对其进行不同规模和不同强度的开发，基础协调系数按不同等级分别取0.5、0.3、0.2、0.1、0.05；根据建设情况对可开发区、一级制约区、二级制约区的现状制约系数分别取0.6、0.4、0.2。

（2）次浅层的地下空间可供有效利用容量按适宜性评价的等级不同对其进行不同规模和不同强度的开发，按不同等级基础协调系数分别取0.8、0.6、0.4、0.2、0.1。

经计算，研究区域浅层可供有效利用容量约为4.05亿m³，按5m层高计算，浅层地下空间可提供0.81亿m²的建筑面积；次浅层可供有效利用容量为58.77亿m³，按5m层高计算，次浅层地下空间可提供11.75亿m²的建筑面积，可供有效利用容量合计共12.56亿m²的建筑面积，相当于市内五区面积总和的2.77倍，详细数据见表9.21。

表9.21　各行政区可供有效利用容量及面积

行政区	面积/万m²	浅层可供有效利用容量/万m³	次浅层可供有效利用容量/万m³	换算后面积（浅层）/万m²	换算后面积（次浅层）/万m²
呈贡区	12217.68	11944.58	184205.78	2388.92	36841.16
官渡区	13630.39	13329.48	178393.80	2665.90	35678.76
盘龙区	6460.45	6383.22	89618.86	1276.64	17923.77
五华区	5623.13	4375.98	65008.50	875.20	13001.70
西山区	7482.65	4466.80	70497.72	893.36	14099.54
总计	45414.29	40500.04	587724.67	8100.01	117544.93

为了便于评价地下空间开发潜力，根据地下建筑面积与地上建筑面积的比率（地下空间开发利用容积率）进行评分（图9.41），判断各地块地下空间的开发可提供的建筑面积最大值。地下空间可供有效利用容量评分标准见表9.22。

容积率等级
容积率低
容积率较低
容积率中等
容积率较高
容积率高

0 2.5 5 7.5 10km

图9.41　地下空间开发利用容积率等级图

表9.22　昆明市地下空间可供有效利用容量评分标准

容积率	等级	评分	容积率	等级	评分
<1	容积率低	1	3~4	容积率较高	4
1~2	容积率较低	2	>4	容积率高	5
2~3	容积率中等	3			

>>> 9.4　地下空间开发潜力分析

前文对昆明市地下空间的社会经济价值进行了评价，并估算了昆明市地下空间可供有效利用容量，再结合建设状态（已开发、已规划、未规划），即可构建地下空间开发潜力评价框架。计算各评价单元的地下空间开发潜力指数，其中社会经济价值、有效利用容量和建设状态三个方面的权重分别为0.3108、0.4934、0.1958，最后求得昆明市地下空间开发潜力综合指数。

9.4.1　评价标准的建立

昆明市城市建设区共划分为4522个地块，地下空间开发潜力综合指数最大值4.6892，最小值1.3916。将地下空间开发潜力分为开发潜力高、开发潜力较高、开发潜力中等、开发潜力低四个等级。其中，开发潜力综合指数$C_i<2$，为开发潜力低；$2\leqslant C_i<3$，为开发潜力中等；$3\leqslant C_i<4$，为开发潜力较高；$C_i>4$，为开发潜力高，评价结果如图9.42所示。

9.4.2　昆明市地下空间开发潜力评价结果分析

昆明市地下空间开发潜力综合指数为3.3，属于开发潜力较高级别。图9.44中开发潜力高的地块有84个，占1.86%；开发潜力较高的地块有1510个，占33.39%；开发潜力中等的地块有2865个，占63.36%；开发潜力低的地块有63个，占1.39%。开发潜力高的地区主要分布在研究区中部、南部的三个地下空间开发的核心区；开发潜力较高的地区主要分布在三个核心区的周围、空港经济区和研究区的北部；开发潜力中等的地区集中分布在研究区的中部；开发潜力低的地区主要分布在研究区南部和东部。

图9.42　昆明市地下空间开发潜力评价

五华区共有711个地块，地下空间开发潜力综合指数为3.24，开发潜力高的地块有5个，占0.7%；开发潜力较高的地块有194个，占27.29%；开发潜力中等的地块有508个，占71.45%；开发潜力低的地块有4个，占0.56%。

盘龙区共有609个地块，地下空间开发潜力综合指数为3.45，开发潜力高的地块有15个，占2.46%；开发潜力较高的地块有233个，占38.26%；开发潜力中等的地块有361个，占59.28%。

西山区共有850个地块，地下空间开发潜力综合指数为2.91，开发潜力较高的地块有119个，占14%；开发潜力中等的地块有693个，占81.53%；开发潜力低的地块有38个，占4.47%。

官渡区共有1346个地块，地下空间开发潜力综合指数为3.29，开发潜力高的地块有38个，占2.82%；开发潜力较高的地块有432个，占32.10%；开发潜力中等的地块有857个，占63.67%；开发潜力低的地块有19个，占1.41%。

呈贡区共有1006个地块，地下空间开发潜力综合指数为3.50，开发潜力高的地块有26个，占2.58%；开发潜力较高的地块有532个，占52.88%；开发潜力中等的地块有446个，占44.33%；开发潜力低的地块有2个，占0.2%。

9.4.3　基于开发潜力分析的地下空间开发建议

城市的迅速发展使土地资源紧缺，甚至导致环境恶化，这是城市发展过程中所需要面对的重要问题，而地下空间是城市空间发展的有力支撑，因此开发地下空间逐渐成为各大城市用来缓解土地资源紧张、交通拥堵以及环境污染问题的重要举措（李蕊蕊等，2017）。但地下空间的开发是不可逆的、不可再生的，因此对地下空间进行科学规划与合理开发利用是城市可持续发展的必要条件。我国对地下空间的利用更侧重于对隧道、地铁、和管线等的建设，其开发规模不大，计划性不足（张巍和曲巍巍，2010）。

1. 总体开发建议

昆明市地下空间布局规划未来将呈现"三核""两带""六心"，以及三个"十字轴"的布局结构。"三核"是指昆明市地下空间开发的三个核心区，包括昆明市主城核心商务区、呈贡核心区、巫家坝新中心。"两带"是指由城市主干道与1号线、2号线形成的南北向城市发展轴线；结合轨道3号线及其沿线打造的城市地下空间发展的东西向主要发展带。结合昆明市总体规划用地布局和公共服务设施规划，在火车北站、北部山水新城、火车南窑站、金产中心、西部梁家河车场、长水机场南部打造6个地下空间开发利用的区域中心。三个"十字轴"包括：2号线、3号线、6号线形成的老城区的地下空间发展的核心"十字轴"，7号线、8号线、南北快线形成的巫家坝片区的中部"十字轴"，1号线、4号线形成的呈贡新区南部地下空间发展的"十字轴"。因此，昆明市尽可能地贯通城市的地下空间，在改善已有的局部地下空间设施的同时，科学规划、合理开发，充分发挥地下空间的功能，减小地面空间的压力。

另外，要尽量做到择优开发，实现地下空间的最优配置。地下空间的开发具有不可逆性、不可再生性、开发造价高等特性，因此在开发地下空间时要优先选择地下空间开发潜力较大的区域，以便使其综合效益达到最优（张巍和曲巍巍，2010）。

2. 区域开发建议

开发潜力高的区域是昆明市的核心区，是商务、贸易、交通和文化的中心。此类区域地下空间环境条件优良，开发利用的综合实力很高。此类区域应将对自然环境要求相对不是很高的餐饮、娱乐、商业等产业放在地下，同时需要合理建设交通换乘中心，使其与城市交通相连，带动中心区域的经济活力。

开发潜力较高和中等的区域逐渐形成了四通八达的交通网络，各个方面都在快速发展。此类区域居民楼密度较大，且部分区域交通堵塞、污染严重等问题较为突出，对地下空间的需求非常强烈。而这类区域的地下空间资源具备合理开发的承载能力，因此该区域的开发应该主要集中在对地下轨道交通的建设，其次再考虑公用设施和防灾设施等。

开发潜力低的区域地下空间资源质量、价值都很一般，可以结合该区域的交通条件、自然条件选择性地进行开发。该区域可以开发货物运输、仓储物流、能源储备系统，并尽量沿城市主干道布设，同时建设轨道交通，以连接城市交通枢纽对外货运中心、商业中心、大型生活区等货运量大、能源需求高的场所。

参 考 文 献

陈吉祥，白云，刘志，等. 2018. 上海市深层地下空间资源评估研究. 现代隧道技术，55
　　（z2）：1243-1254.

符必昌，黄英，李琴书，等. 2000. 昆明盆地浅层软土成因及工程地质分类研究. 昆明理工
　　大学学报（理工版），25（5）：22-26.

李蕊蕊，华茜，张晓瑞. 2017. 城市地下空间开发利用策略之探析——以合肥市为例. 宿州
　　学院学报，32（3）：23-26.

李芸，杨秋萍，肖振国. 2016. 昆明盆地浅层地下水脆弱性评价. 地下水，38（1）：53-55.

夏既胜，付黎涅，刘本玉，等. 2008. 基于GIS的昆明城市发展地质环境承载力分析. 地球与
　　环境，36（2）：148-154.

于小芳，谢曼平. 2015. 昆明盆地活断层风险评价. 地球科学前沿，5（4）：271-282.

云南省第一水文工程地质大队. 1990. 昆明地区城市地质环境综合评价研究. 全国地质资料
　　馆，DOI:10.35080/n01.c.80393.

张巍，曲巍巍. 2010. 城市地下空间开发潜力探究. 建筑经济，（6）：116-118.

第10章
总结与展望

>>> 10.1 主要结论与创新点

1. 地下空间规划开发适宜性评价模型

本书基于自然环境对地下空间开发工程技术难度的正作用和地下空间开发对自然环境和生态系统的反作用,阐明了地下空间开发的各项影响要素及其作用机理,同时根据对国内外文献的总结和理论分析,提出了地下空间适宜性采集指标体系;基于昆明市软土分布广、岩溶比较发育、滇池周边水系发育等特点,通过复杂地质数据识别、处理及评价,提出昆明市地下空间适宜性评价指标体系及评价标准,建立适用于昆明市地质条件的适宜性评价模型。

2. 地下空间规划开发社会经济价值评价模型

本书通过对地下空间开发社会、经济、环境、安全等多重效益分析,提出了地下空间社会经济价值来源,包括土地资源利用的优化、城市基础设施系统的提升及城市运行效率的提高;从注重城市基础设施优化的角度,提出了适用于昆明市的地下空间社会经济价值评价模型;在空间区位、人口密度、基准地价、开发强度等基础上,进一步增加了停车配建、轨道交通、道路交通运行状态等指标;结合昆明市社会经济数据,提出了点-线-面多类数据结合的处理方法,确定了指标评价标准;采用最优传递矩阵和多轮专家咨询的方法,确定了各项指标权重,建立了昆明市地下空间规划开发社会经济价值评价模型。

3. 地下空间规划开发承载力模型

本书面向地下空间规划开发要素多重耦合特征,从综合价值、容量类型、建设状态三个维度提出了地下空间规划开发承载力分析模型;提出了地下管线、综合管廊、地铁等占用地下空间容量的计算方法;基于地下空间开发容量影响因素的作用机理,提出了结合基础协调系数和现状制约系数的可供有效利用容量估算方法;从地下空间适宜性、社会经济价值、设施需求程度三个维度,应用矩阵分析方法和四象限方法,建立了地下空间规划开发综合价值模型和建议分析框架。

4. 重点区域地下空间规划决策支持模型

本书面向重点片区地下空间控制性详细规划编制、评价与管理需求，建立了重点区域地下空间规划知识框架，提出了其知识分类与表达方法；建立了地下空间规划案例结构化描述框架，提出了结构相似度和属性相似度相结合的全局相似度算法，建立了案例相似度匹配模型；对法律法规、文献资料、规划案例等进行知识提炼、表达，建立了基于置信度的知识融合方法；综合应用案例推理和规则推理建立了重点区域地下空间规划决策支持模型，实现了整体设计、功能设计、开发强度、竖向建议、平面设计等辅助决策规划。

5. 城市地下管线综合布局模型

本书针对管线密度增加、管位紧张、安全风险突出等问题，面向各类管线专项规划和城市工程管线综合规划的实际需求，构建了"预测—模拟—优化"分层建模的城市地下管线综合布局模型；建立了典型管线不同用户（用地类型）的需求分类预测模型；通过水力时空建模和InfoWorks ICM软件进行典型管网运行模拟，实现了管线需求预测；通过对管线影响因素及其作用机理的分析，明确了管线布局的目标、模式、几何、位置、特性等多重约束条件，建立了管线优化布局模型，实现了管线布置原则和交叉口管线竖向分析，以及管线高密度区域综合管廊规划道路适宜性评价；采用分层建模方法实现了"需求预测—运行模拟—综合布局优化"的有机结合，建立了地下管线综合布局模型。

▶▶▶ 10.2　展望

未来几年将更加深入地进行城市地质勘查，同时快速发展的大数据、大知识、深度学习等技术方法，将为城市地下空间规划开发研究提供有力的技术支撑。

（1）随着城市地质调查的不断深入，需要结合数据情况，对城市地下空间规划开发适应性评价进行不断改进，并且需要对一些重点开发区域进行详细勘查。

（2）将大数据、大知识、深度学习等方法引入城市地下空间规划决策中，特别是重点区域地下空间详细规划中，可以进一步提升规划的科学性、准确性。

（3）深入研究地下管线与地下空间的关系，从保障城市整体运行效率的角度优化城市地下管线综合规划方法的研究，提高地下管线使用地下空间的效率，保障地下管线的安全。